AF558743

Käfer

Ein Portrait
von
Bernhard Kegel

NATURKUNDEN

NATURKUNDEN № 56

herausgegeben von Judith Schalansky
bei Matthes & Seitz Berlin

Inhalt

Portraits

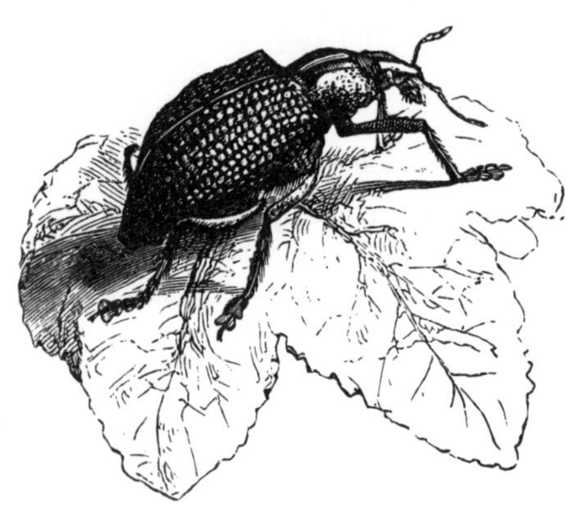

Ein ungeheures Ungeziefer

Der Filmemacher Volker Schlöndorff hat bei mir einen dicken Stein im Brett. Der Grund dafür liegt zwanzig Jahre zurück und wir haben damals kein Wort gewechselt. Sie fragen sich, warum ich diese Geschichte erwähne? Natürlich weil sie mit Käfern zu tun hat.

Zugetragen hat sich das Ganze in der American Academy, einer US-amerikanischen Forschungs- und Kultureinrichtung in idyllischer Lage hoch über dem Berliner Wannsee. Damals hatte man mich gebeten, die Vorstellung eines Stipendiaten zu übernehmen, ich weiß nicht mehr, was der junge Mann tat und an diesem Abend präsentierte, ich habe es genauso vergessen wie meine eigenen Worte. Ich weiß nur noch, dass etwa fünfzehn bis zwanzig Personen anwesend waren. Einer davon war Volker Schlöndorff.

Als ich nach Begrüßungsworten eines Akademiemitarbeiters aufgefordert wurde, ans Mikrofon zu treten und in die Arbeit des Vortragenden einzuführen, geschah das Unvermeidliche. Der Gastgeber stellte mich und meine Bücher kurz vor und nannte mich – durchaus zutreffend – einen (ehemaligen) Käferforscher. Was zur Folge hatte, dass die Leute lachten. Und während ich mich erhob, um nach vorne zu gehen, lachte ich gequält mit.

In diesem Moment ergriff Volker Schlöndorff, der in der ersten Reihe saß, das Wort und sagte laut und deutlich: »Ich verstehe gar nicht, was daran so komisch ist.« Er war ehrlich überrascht. Genau, dachte ich. Endlich sagt es mal jemand, vielleicht hören sie auf einen Oscar-Preisträger. Über Käfer zu forschen – daran war und ist absolut gar nichts komisch. Und doch geschieht es immer wieder. Man kann darauf warten. Die Leute lachen. Was, zum Teufel, amüsiert die Menschen, wenn sich jemand für eine gewisse Zeit intensiv der größten Tiergruppe auf diesem Planeten widmet? Im Gegenteil fände ich es verwunderlich, ja sogar fahrlässig, wenn man es, zumal als Biologe, nicht täte. Es handelt sich schließlich um einen bedeutenden Teil unserer biologischen Wirklichkeit, und, nebenbei gesagt, um Tiere, die ungeheure Schäden anrichten können. Den meisten Menschen ist das aber unbekannt oder herzlich egal und ich habe mich wie viele meiner ehemaligen Kollegen, für die die Tierwelt nicht nur aus Hunden und Katzen und ein paar Piepmätzen besteht, an diese weitverbreitete Ignoranz gewöhnt. Die Leute lachen eben, wenn nicht laut, dann doch wenigstens leise, hinter vorgehaltener Hand, was vielleicht noch schlimmer ist. Sie schmunzeln, grinsen sich an, finden es zum Piepen. Und obwohl ich sogar ein gewisses Maß an Verständnis dafür aufbringen kann, wenn ich an die Karikatur des fliegenbeinzählenden Museumsbiologen denke, trifft es mich. Nicht nur, weil ich dadurch als verschrobener Außenseiter dastehe, sondern auch, weil wir das sechste große Massenaussterben der Erdgeschichte, die Defaunation unseres Planeten, die Auslöschung großer Teile der globalen Tierwelt mit dieser Einstellung nicht werden aufhalten können.

Ein dankbarer Blick? Vielleicht. Ich weiß es nicht mehr. Ich hätte ihm jedenfalls um den Hals fallen können, diesem großen

Künstler und klugen Menschen, unterließ es aber, murmelte nur irgendetwas wie: »Das möchte ich auch mal wissen«, und faltete mein Redemanuskript auseinander, das nichts, aber auch gar nichts mit Käfern zu tun hatte. Vergessen werde ich Volker Schlöndorff diese spontane Intervention nie.

Oft sind die einfachsten Lösungen ja die besten. Und diese Konstruktion ist genial einfach: eine kompakte Kopfkapsel mit allerlei beweglichen Anhängen, mit leistungsfähigen Sinnesorganen und kräftigen Kiefern, ein mehr oder weniger röhrenförmiges stabiles Verbindungsteil und ein Hinterleib mit den lebensnotwendigen inneren Organen, bauch- und rückenseitig jeweils von einem halben Dutzend schalenförmigen Skelettelementen geschützt. Diese sind durch elastische Häute verbunden und daher so flexibel, dass das Ganze gefahrlos auch auf das doppelte Volumen anschwellen kann, zum Beispiel, wenn Weibchen darin vorübergehend eine große Anzahl Eier unterbringen müssen. Kurz: Eine Chitinrüstung aus drei beweglich miteinander verbundenen Körperteilen, dazu drei Beinpaare und die raffiniert verpackten Flügel – fertig ist der Käferkörper.

Dieses Bauprinzip ist nun allerdings nicht starr, sondern in vielfacher Weise abwandelbar, kann kugelig aufgewölbt oder abgeflacht, lang gestreckt oder gestaucht, auf Kommaformat verzwergt oder zu Faust- oder Handflächengröße aufgebläht, mit Hörnern versehen oder mit Dornen ausgestattet werden, die Oberfläche glatt glänzend oder skulpturiert, oft braun oder schwarz oder doch mit den buntesten Farbmustern versehen. Daraus ergeben sich derartig viele Möglichkeiten, dass auf dieser Grundlage die mit großem Abstand artenreichste Tier-

Ein Wimmelbild mit den markantesten Coleopteren Europas, vom Aaskäfer (u. re.) über Hirsch- und Gelbrandkäfer bis

zum Wespenbock (li. Mitte). Allein in Mitteleuropa leben mehr als 8000 verschiedene Arten.

gruppe der Erde entstand. Keine andere kann ihnen in dieser Hinsicht das Wasser reichen. Ungefähr jede vierte Tierart ist ein Käfer. Außer im Meer und dem Eis der Polgebiete sind sie praktisch in jedem Lebensraum der Erde zu finden. Mit einigen recht stattlichen und vielen kleinen Exemplaren haben sie sogar das Süßwasser der Flüsse, Teiche und Seen besiedelt.

John Burdon Sanderson Haldane, besser bekannt als J. B. S. Haldane, einer der Gründerväter der Populationsgenetik, veranlasste dieses Übermaß an Käfern zu einem mittlerweile berühmten Bonmot, das hier nicht fehlen darf – obwohl keineswegs klar ist, wann und unter welchen Umständen diese Bemerkung zum ersten Mal gefallen ist. Nicht einmal der genaue Wortlaut ist bezeugt. Haldane war eine schillernde Persönlichkeit, in jungen Jahren streitbarer Kommunist, später als Wissenschaftler Mitglied der Royal Society und Träger der Darwin-Medaille, ein vielfach ausgezeichneter Theoretiker, nach dem Mond- und Marskrater und sogar ein Asteroid benannt wurden. Aus Protest gegen Englands Verhalten in der Suezkrise wanderte er in den 1950er-Jahren aus und nahm die indische Staatbürgerschaft an. Mit Krabbelgetier hatte dieser Mann eigentlich wenig am Hut. Aber auf die Frage, was er denn aus dem Studium der Natur über ihren Schöpfer gelernt habe, soll Haldane geantwortet haben: Gott hatte offenbar eine außerordentliche Zuneigung (*inordinate fondness*) zu Käfern.

Haldane selbst hat diese Bemerkung offenbar gut gefallen, denn er hat sie oft wiederholt, meist in einer leicht abgewandelten Form, die auch Astronomisches miteinbezog: »Gott hatte eine außerordentliche Zuneigung zu Sternen und Käfern.« Haldane war auch für andere Merksprüche gut. Zum Beispiel:

»Ich habe den Verdacht, dass das Universum nicht nur seltsamer ist, als wir vermuten, sondern seltsamer, als wir überhaupt vermuten können.«

Zu diesen Seltsamkeiten zählt zweifellos auch der schier unermessliche Formenreichtum der Käfer, wissenschaftlich *Coleoptera*. Was ist aus dieser ungewöhnlichen Leidenschaft des Schöpfers abzuleiten? Für Kenneth Kermack, einen engen Freund Haldanes, lag die Antwort auf der Hand: »Wenn wir dereinst den Allmächtigen von Angesicht zu Angesicht treffen, wird er einem Käfer (oder einem Stern) ähnlich sehen und nicht Dr. Carey« – dem damaligen Erzbischof von Canterbury.

Sollte diese Überlegung zutreffen, müsste der berühmteste Käfer der Weltliteratur möglicherweise in ganz anderem Licht betrachtet werden als gemeinhin üblich. Das Ergebnis von Gregor Samsas nächtlicher Transformation in der Erzählung *Die Verwandlung* wäre dann nämlich kein »ungeheueres Ungeziefer«, wie Franz Kafka schon in seinem ersten Satz schreibt, sondern ein Abbild Gottes. Nur ... verwandelt sich der arme Gregor überhaupt in einen Käfer? Woran würde man einen solchen erkennen?

Da wir hier ohne Spekulationen über Gottes Zu- und Abneigungen auskommen wollen, muss der Grund für den außerordentlichen Erfolg im Bau des Käferkörpers zu suchen sein.

Auf den ersten Blick scheint sich seine eingangs erläuterte Dreiteilung nicht von der Körpergliederung anderer Insekten zu unterscheiden. Auch Bienen, Fliegen, Schmetterlinge, Libellen und andere bestehen aus drei Teilen, aus Kopf, Brust (Thorax) und Hinterleib (Abdomen). Diese Übereinstimmung besteht allerdings nur scheinbar, sie ist, auf Neudeutsch, ein

Fake, was sofort ins Auge springt, wenn man die Unterseite eines Käfers betrachtet. Praktischerweise wählt man dazu keinen Winzling, sondern einen möglichst großen Vertreter der Ordnung *Coleoptera,* sonst würde man mit bloßem Auge gar nichts erkennen. Wir lassen uns nicht lumpen und nehmen den größten, den es gibt, den im tropischen Südamerika heimischen dunkelbraunen Riesenbockkäfer, dessen erstes Exemplar man im Magen eines Fisches entdeckte. Seine Kieferzangen, die Mandibeln, sind so stark und scharf, dass man sie als Gartenschere benutzen könnte. *Titanus giganteus* ist sein wissenschaftlicher Name, der allerdings etwas übertrieben scheint und wohl mehr über die Begeisterung seines Namengebers aussagt als über seine tatsächliche Größe. Immerhin, Exemplare mit bis zu zwanzig Zentimeter Körperlänge füllen leicht eine ganze Handfläche aus, vom Gelenk bis zur Mittelfingerspitze. Ein gut fünf Zentimeter großes Männchen der schwarzen Pepsiswespe dient uns zu Vergleichszwecken als Gegenstück und repräsentiert die anderen großen Insektengruppen.

Beginnen wir mit der schnittigen Wespe, übrigens ein Jäger von Vogelspinnen. Bei einem Tier dieser Größe ist sofort zu erkennen, dass sowohl die drei Bein- als auch die beiden Flügelpaare am mittleren Körperabschnitt ansetzen, dem Thorax, der Hinterleib der Wespe trägt keine Extremitäten. Der muskuläre Teil des Fortbewegungsapparates muss demnach in der Chitinrüstung der Brust verborgen sein.

Ganz anders beim Käfer. *Titanus giganteus,* das sticht sofort ins Auge, trägt wie alle *Coleopter* nur ein Beinpaar am mittleren Körperabschnitt. Die beiden anderen befinden sich am Hinterleib, wo auch die Flügel ansetzen. Die mittleren Körper-

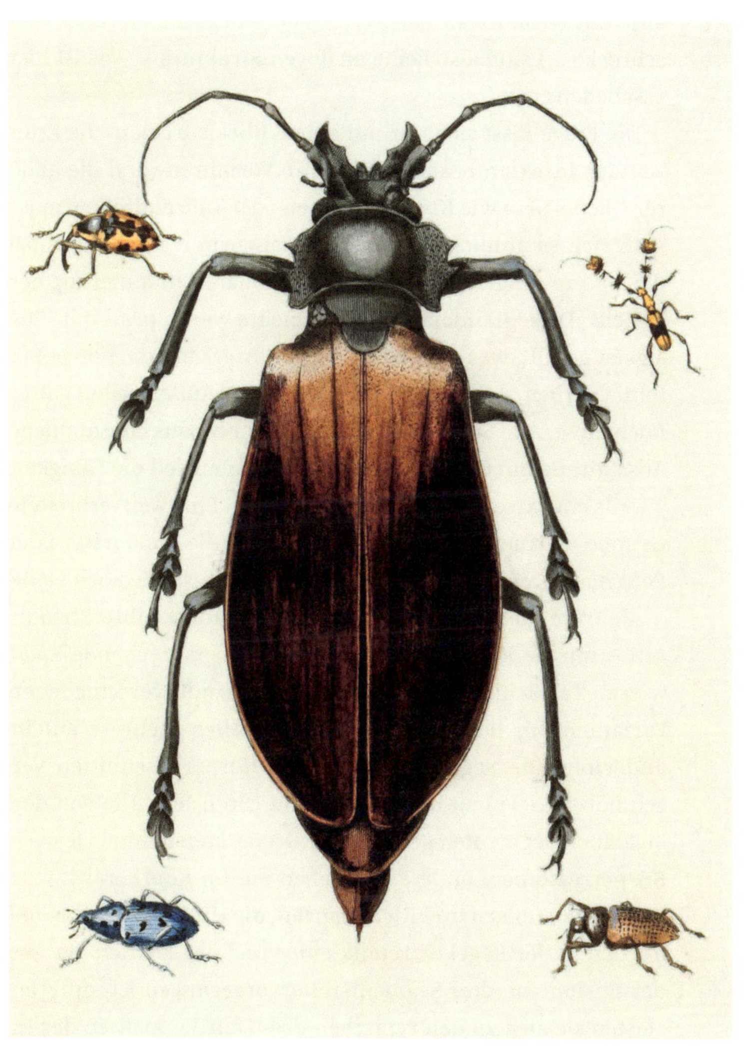

Es gibt vielleicht schwerere und voluminösere Arten, aber der handgroße südamerikanische Riesenbockkäfer, Titanus giganteus, *gilt als der größte Käfer der Welt.*

abschnitte von Käfer und Wespe (oder Fliege, Libelle oder Heuschrecke …) sind also keine analogen Strukturen. Was ist hier geschehen?

Die Frage lässt sich nur mit einem Blick zurück in die Frühzeit der Insekten beantworten. Ihre Vorfahren (und die anderer Gliedertiere wie Krebse, Spinnen oder Tausendfüßer) muss man sich so ähnlich wie einen Regenwurm vorstellen, wobei die äußere Ringelung zugleich einer inneren Kammerung entspricht. Diese Kammern oder Segmente waren prall mit Flüssigkeit gefüllt, was dem Wurmkörper insgesamt die nötige Stabilität verlieh, denn ein hartes Innen- oder Außenskelett gab es noch nicht. Alle Segmente hatten darüber hinaus eine ähnliche Ausstattung mit Organen und besaßen potenziell die Fähigkeit, jeweils ein Extremitätenpaar auszubilden. Eine weitverbreitete Gruppe mariner Regenwurmverwandter, die Vielborster oder *Polychaeten,* repräsentiert diese Entwicklungsstufe noch heute.

Mehrere gleichartige, hintereinander aufgereihte Strukturen – für die Evolution ist das eine vielversprechende Spielwiese. Tatsächlich experimentierte sie mit verschiedenen Varianten, bis bei den Insekten schließlich mehrere aufeinanderfolgende Segmente zu großen Körperabschnitten verschmolzen, eben zu Kopf, Brust und Hinterleib. Die von den einzelnen Segmenten gebildeten Extremitäten nahmen je nach Körperregion ein anderes Aussehen an: im Kopfbereich wurden sie zu Fühlern und Kieferzangen, die Hinterleibssegmente blieben in der Regel extremitätenlos und am Thorax, der aus der Fusion von drei Segmenten hervorgegangen ist, differenzierten sie sich zu den typischen drei Laufbeinpaaren der Insekten, die deshalb *Hexapoda,* Sechsfüßer, heißen. Die hinteren beiden Thoraxsegmente tragen zusätzlich je ein Flügelpaar. In die hitzig geführten Diskussionen der Experten, ob es sich dabei ebenfalls um Extremitäten, um ehemalige Anhänge derselben oder eine völlige Neubildung handelt, wollen wir uns hier nicht einmischen.

So weit, so gut. Was ist nun bei den Käfern geschehen? Ihre Beinpaare zwei und drei sitzen, wie gesagt, nicht am Thorax, sondern am Abdomen, wo auch die Flügel zu finden sind. Offenbar sind die beiden hinteren Thoraxsegmente aus dem Brustverband gelöst und mitsamt ihrer Beinpaare und Flügel dem Hinterleib angegliedert worden. Das erste Flügelpaar – das des ehemals mittleren Brustsegmentes – hörte dann irgendwann auf, Flügel zu sein, und wurde zu einer harten und stabilen Schutzvorrichtung, den Flügeldecken, einer Art zweigeteilter Motorhaube, mit der die Tiere zwar nicht mehr fliegen konnten, die sich aber hervorragend zum Abdecken und sicheren Verwahren der zarten Hinterflügel eignet. Flugkünstler sind die meisten Käfer nicht, aber ein Flügelpaar reicht ihnen vollkommen aus, um sich damit in die Lüfte zu erheben.

Damit sie unter den Flügeldecken Platz finden, mussten diese Flügel allerdings mit allerlei Gelenken und Scharnieren ausgestattet werden, die andere Fluginsekten nicht benötigen. Im Ruhezustand können die sonst starren Tragflächen auf einen Bruchteil ihrer Größe zusammengefaltet werden und ganz unter dem schützenden Chitindeckel verschwinden.

Bei den meisten Käfern bedecken die Flügeldecken den gesamten Hinterleib, ja nicht selten hüllen sie ihn regelrecht ein und verleihen den Tieren ihr kompaktes Erscheinungsbild. Ihnen verdanken die Käfer auch ihren wissenschaftlichen Na-

Auf der Beliebtheitsskala der Menschen stehen Marienkäfer innerhalb der Coleopteren ganz oben.

men, der auf keinen Geringeren als Aristoteles zurückgeht: *Coleoptera.* Er setzt sich aus den griechischen Wörtern *koleós,* für die lederne Scheide, in die man das Schwert steckt, und *pterón,* für Flügel, zusammen.

Für die vermeintliche Brust bleibt also nur noch das erste Brustsegment übrig. Käferkundler sprechen deshalb nicht von Thorax, sondern von Halsschild.

Kopf, Halsschild, Abdomen – so einfach gestaltet schrieben Käfer, gemessen an der Artenzahl, die größte Erfolgsstory des Tierreichs. Sie begann vor fast 300 Millionen Jahren. Insofern ist es sinnvoll, auch Kafkas Gregor Samsa nach seiner Verwandlung als Käfer anzusprechen, und eine nicht repräsentative Umfrage im Bekanntenkreis bestätigt diese Einschätzung. Natürlich, er wird zum Käfer, sagen die meisten. Von Kafka haben sie das nicht.

In der Hitliste der beliebtesten Tierarten rangieren Käfer sicher nicht auf den ersten Rängen, aber sie schneiden auch nicht katastrophal schlecht ab. Das Image anderer Insektengruppen, etwa von Wanzen, Schaben oder Ohrenkneifern, ist viel verheerender. Fans finden natürlich alle Käfer schön oder wenigstens interessant, doch selbst Normalsterbliche können sich für die eine oder andere hübsch gefärbte Art erwärmen, für Marienkäfer zum Beispiel, englisch: *ladybirds,* für Glühwürmchen oder die grün-goldenen Rosenkäfer. Die metallisch schillernden Flügeldecken einiger Prachtkäfer, die im Englischen *jewel beetles* heißen, wurden und werden zu Schmuckstücken verarbeitet und in Indien als eine Art Pailletten in kostbare Stoffe eingewebt.

Kafka schwärmt nun nicht von einer außergewöhnlichen Farbgebung, sondern schildert Gregor Samsas neuen Körper als ausschließlich abscheulich, gibt aber nur wenige, noch dazu widersprüchliche Hinweise, was genau dieses Wesen eigentlich darstellen soll. Er nennt es »Ungeziefer«, was so ziemlich jede kleine Tierart bezeichnen könnte, die aus Sicht der meisten Menschen nichts in unseren Häusern und Wohnungen verloren hat.

Gleich am Anfang seiner Erzählung erwähnt Kafka aber Gregors »panzerartig harten Rücken«, und damit können eigentlich nur die Flügeldecken eines Käfers gemeint sein, eines eher rundlich geformten, um genau zu sein. Darauf deuten auch die anfänglichen Schwierigkeiten Gregors hin, sich von einer unbequemen Rückenlage auf die Beine zu rollen. Andererseits bleibt später in diesem Rücken, der eben noch als panzerartig hart beschrieben wurde, ein vom Vater geworfener Apfel stecken und bereitet Gregor große Schmerzen. Das passt ganz und gar nicht zusammen. Auch die »vielen Beinchen«, von denen Kafka berichtet, dass sie »ununterbrochen in der verschiedensten Bewegung waren« und »ein wenig Klebstoff« absonderten, mit dessen Hilfe sich Gregor an Wänden und Decke halten konnte, sind eher untypisch für Käfer. Sechs sind zweifellos mehr als zwei Beine, aber so viele sind es nun auch wieder nicht. Und wenn es denn genau sechs und nicht acht oder zehn oder zweihundert sein sollten, hätte Kafka das dann nicht wenigstens an einer Stelle auch erwähnen können, anstatt immer nur von »vielen« zu sprechen? So muss man sogar an der Insektennatur des verwandelten Gregor Samsa zweifeln.

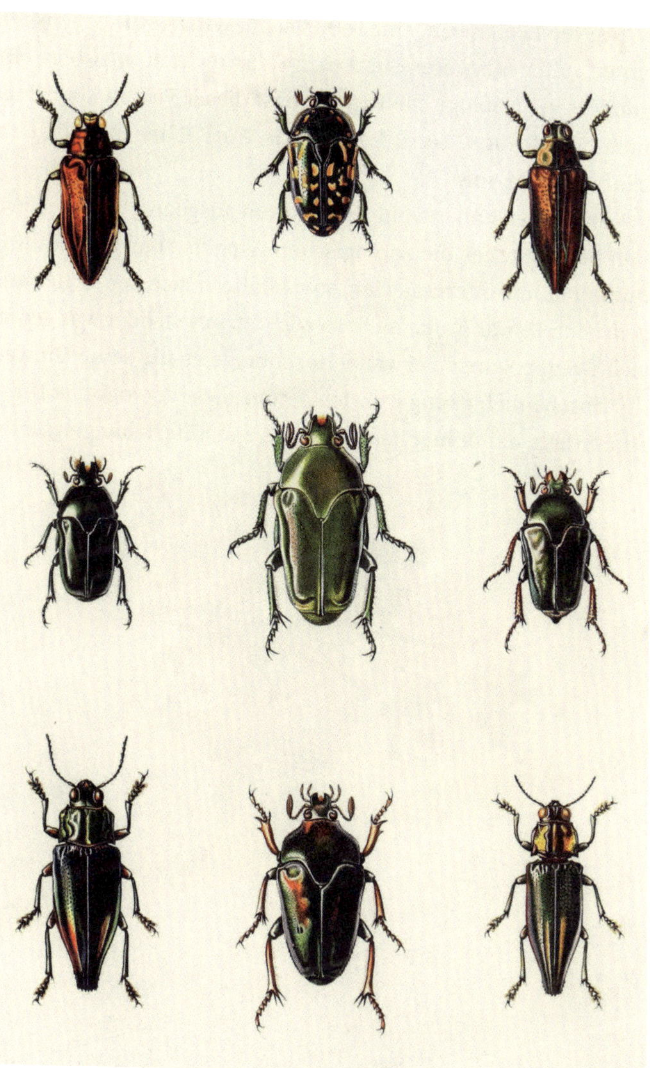

Die schillernden Farben dieser jewel beetles *entstehen durch eine besondere Oberflächenstruktur der Flügeldecken.*

Nur die Bedienerin, eine robuste alte Witwe, ruft Gregor mitunter »alter Mistkäfer« und meint das nicht einmal böse. Besonders viel zoologische Expertise ist dieser Person allerdings nicht zuzutrauen. Sonst kommt das Wort Käfer in Kafkas Erzählung nicht vor.

Wir müssen daher wohl leider davon ausgehen, dass den großen Schriftsteller die zoologischen Aspekte seiner Erzählung nur am Rande interessierten, sonst hätte er sich deutlicher ausgedrückt. Es war Kafka nicht so wichtig, in wen oder was genau sich Gregor Samsa verwandelte, solange es für seine Umwelt nur abscheulich genug war. Ich betone diese zoologische Unbestimmtheit, damit hier kein Makel an den Käfern hängen bleibt.

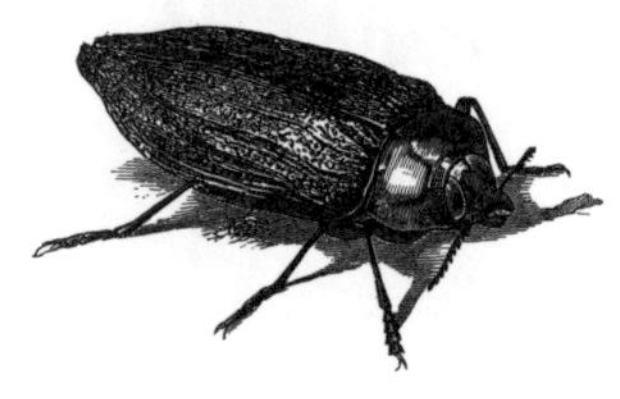

Der Käfermann

Es sind also viele – aber wie viele genau?

Wir wissen es nicht. Es sind in jedem Fall so viele, dass wir die wahre Artenzahl der Käfer bis heute, trotz jahrhundertelanger Sammeltätigkeit, nur grob schätzen können.

Die Anfänge waren noch einigermaßen überschaubar: Carl von Linné, der schwedische Begründer der biologischen Systematik, führte 1758, in der 10. Auflage seines berühmten *Systema Naturae,* 654 Käferarten auf, aber schon sein Schüler Johann Christian Fabricius beschrieb zehntausend weitere Insektenarten, darunter auch Hunderte von Käfern. Er hatte sie auf seinen vielen Reisen selbst gefangen oder in den immer umfangreicher werdenden Sammlungen der großen naturgeschichtlichen Museen Europas aufgespürt.

Hundert Jahre später waren daraus im ersten Weltkatalog der Käfer schon 77 000 geworden und ein weiteres halbes Jahrhundert darauf war ihre Zahl regelrecht explodiert. Der Hamburger Volksschullehrer und spätere Kustos am Deutschen Entomologischen National-Museum in Berlin Sigmund Schenkling hatte es sich zusammen mit Wilhelm Junk, einem Verleger, Antiquar und natürlich Insektenfreund, zur Aufgabe gemacht, einen *Coleopterorum Catalogus* herauszugeben. Er sollte das vorhandene Wissen über diese Tiergruppe zusammenfassen und aktualisieren. Sie brauchten dreißig Jahre für ihr Vorhaben, von 1910 bis 1940, und füllten 31 dicke Folianten mit den Resultaten. Dank Schenkling, Junk und zahlreicher Mitautoren war der wissenschaftlich erfasste Käferartenbestand der Erde am Ende auf 221 480 angewachsen.

Bis heute hat sich diese Zahl weiter erhöht. Über 380 000 Arten wurden beschrieben und mit einem wissenschaftlichen Namen versehen, aber auch das sind bei Weitem noch nicht alle. Jahr für Jahr kommen einige Hundert dazu. Zum Vergleich: die zweitgrößte Insektenordnung, die der Schmetterlinge, erreicht mit 160 000 nicht einmal halb so viele Arten. Das Gleiche gilt für die Fliegen und die Hautflügler, die große Verwandtschaft der Bienen, Wespen und Ameisen. (Einige Wissenschaftler glauben allerdings aus Computermodellen ableiten zu können, dass nicht die Käfer, sondern die Hautflügler die artenreichste Tiergruppe seien. Sie führen dies vor allem auf winzig kleine parasitische Wespen zurück, die man gerade noch mit bloßem Auge erkennen kann, deren Zahl aber immens groß und bislang erst lückenhaft erfasst sein soll. Solange sie uns Käferfreunden diese angeblich so zahlreichen Wespen nicht zeigen können, bleiben wir natürlich bei der alten Rangfolge.) Andere Insektenordnungen, wie die der Libellen, sind mit 5 500 Arten deutlich kleiner.

Wie groß die Dunkelziffer ist, sorgt spätestens seit dem Jahr 1982 für anhaltende Kontroversen. Eine Schätzung der Zahl der auf der Erde lebenden Tierarten ist eine äußerst diffizile Angelegenheit, mit bislang weit auseinanderliegenden Ergebnissen. Sind es nur zwei oder zwanzig oder gar zweihundert Millionen? Eines ist klar: ob es nun an Gottes Zuneigung liegt oder nicht – wer sich ernsthaft dafür interessiert, wie viele unterschiedliche Tiere es gibt, kommt an den Käfern nicht vorbei.

Europa konnte lange Zeit mit einer in der Welt ziemlich beispiellosen Zahl an Koleopterologen, Sammlern und Museen aufwarten, die für eine gründliche Bestandsaufnahme der in der Alten Welt lebenden Tierwelt sorgten. Im dicht besiedelten Mitteleuropa dürfte es deshalb nicht leicht sein, einen noch unbekannten Käfer zu entdecken, ausgeschlossen ist es aber nicht. Mitarbeiter der Naturforschenden Gesellschaften beider Basel machen ehrgeizigen Nachwuchssammlern durchaus Hoffnung: »Wer sich mit bisher wenig erforschten, etwas versteckt lebenden Käfergruppen befasst und außerdem die richtigen Sammelmethoden anwendet, kann auch in der Schweiz noch spektakuläre Neuentdeckungen machen.« Oder in Deutschland oder Italien. Vor allem in abgelegenen Randgebieten könnte noch das eine oder andere bis heute namenlos gebliebene Käferchen herumkrabbeln. In ganz Europa haben Profis und Laien zusammen etwa 28 000 verschiedene Arten aufgespürt, in Nordamerika etwas weniger, in Deutschland allein etwa 6 500.

Das sind zweifellos imposante Zahlen, besonders wenn man daran denkt, dass es auf der ganzen Welt nur etwa 5 400 Säugetier- und gut 10 000 Vogelarten gibt. Und doch ist es nur ein Bruchteil der tatsächlich auf der Erde existierenden Käferarten. Die große Masse lebt woanders, vor allem dort, wo Insekten sich allgemein wohler fühlen als im vergleichsweise kalten Europa: in den feuchtwarmen Tropen.

1982 veröffentlichte ein junger kalifornischer Käferfan, der im Regenwald Panamas in Mittelamerika forschte, einen nur anderthalb Seiten umfassenden Aufsatz, der in einschlägigen Kreisen weltweit für Furore sorgte. Seine Überschrift lautete übersetzt: *Tropische Wälder: Ihr Reichtum an Käfern und ande-*

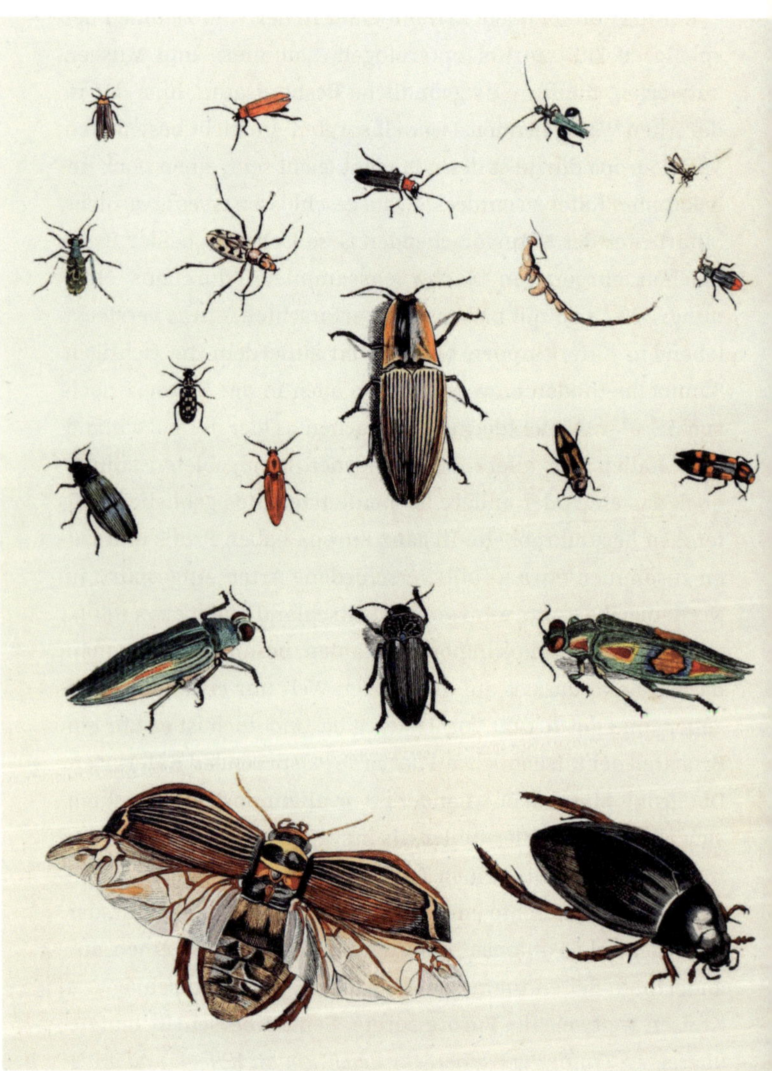

Diese Zusammenstellung von Käfergattungen aus aller Welt stammt aus dem Jahr 1789. Benannt wurden sie von Carl von Linné und

dem Dänen Johann Christian Fabricius, der als einer der Gründer der wissenschaftlichen Insektenkunde gilt.

ren Gliederfüßerarten. Seit dieser Zeit darf der noch heute in der Smithsonian Institution in Washington, D. C., forschende Terry L. Erwin – *the beetle man,* wie ihn die Presse nannte – als einer der berühmtesten lebenden Käferforscher gelten.

Erwin ging damals mit ziemlich rabiaten Methoden zu Werke, notgedrungen. Er wollte wissen, wie viele Käferarten in den Kronenregionen tropischer Bäume leben, ein riesiger, damals noch weitgehend unerforschter Lebensraum. Es war klar, dass es dort Tiere gab, die nur ausnahmsweise einmal am Boden zu sehen waren und deshalb bei keiner der üblichen Zählungen berücksichtigt wurden. Aber wie viele waren es?

Dort oben, in zwanzig oder dreißig Meter Höhe auf den schwankenden Ästen der Urwaldriesen herumzuklettern, bewaffnet mit Käscher und Exhaustor (einem Gerät, mit dem man kleine Tiere ansaugen kann, ohne dass sie in der eigenen Mundhöhle landen), wie man es von Insektenforschern kennt, erschien Erwin nicht zielführend. Es war gefährlich, nicht nur wegen der Fallhöhe und den giftigen Baumschlangen, mit denen dort zu rechnen war, sondern auch, weil auf den Ästen Unmengen an kleineren Pflanzen wuchsen, sogenannte Epiphyten, die das Klettern erschwerten und die man dabei zwangsläufig zerstören würde. Das Gebiet war unübersichtlich, sodass man in diesen Miniaturwäldern hoch über dem Erdboden sicher viele kleine und gut getarnte Tiere übersehen würde. Terry Erwin wollte aber nicht nur ein paar tropische Käfer sammeln, sondern belastbare quantitative Daten über die gesamte dort lebende Gliedertierfauna.

Wenn man nicht hinauf zu den Tieren kann, dann muss man sie eben zu sich nach unten holen, dachte Erwin und begann schließlich, mithilfe des sogenannten Foggings ganze Bäume in Insektizidnebel zu hüllen. Und siehe da: Der kurz nach erfolgter Einnebelung rings um den Baum auf die ausgebreiteten Plastikfolien prasselnde Insektenregen fiel so ungeahnt reichhaltig aus, dass Erwin danach alle bis dahin gültigen Schätzungen über die Zahl der Käferarten – und damit auch die der Tierarten insgesamt – über den Haufen warf.

Erwin wählte für seine Untersuchungen eine Baumart namens *Luehea seemannii* aus, ein von Mexiko bis ins nördliche Kolumbien verbreitetes Malvengewächs. Um eine Vorstellung von der natürlichen Schwankungsbreite zu bekommen, hüllte er 19 dieser *Luehea*-Bäume zu verschiedenen Jahreszeiten in eine giftige Nebelwolke ein und versuchte, die auf ihnen lebende Insekten- und Käferfauna möglichst vollständig zu erfassen. Er fand – wohlgemerkt: auf nur 19 Exemplaren einer einzigen Baumart – etwa 1200 verschiedene Käferarten. Der größte Teil war der Wissenschaft bislang unbekannt.

Um von dieser Zahl auf einen ganzen hochkomplexen tropischen Wald zu schließen, muss man wissen, wie viele dieser 1200 Käferarten ausschließlich auf *Luehea*-Bäumen leben. Unter räuberisch lebenden Käfern sind solche Nahrungsspezialisten eher selten zu finden, denn wer es auf tierische Beute abgesehen hat, kann diese auch auf jeder anderen Baumart jagen. Andererseits sind viele Pflanzenfresser sehr wählerisch und nehmen nur bestimmte Teile bestimmter Pflanzen zu sich. Erwin ordnete daher die Käfer, die er gefunden hatte, nach ihrer Ernährungsweise und nahm dann an, dass etwa zwanzig Prozent aller Pflanzen- und zehn Prozent der Pilzfresser auf diese eine Baumart angewiesen waren, während das nur für fünf Prozent aller Räuber und Aasfresser galt. Das Ergebnis: Von den 1200 Käferarten, die dem Nebel zum Opfer gefallen waren, lebten 163 wahrscheinlich ausschließlich auf *Luehea seemannii,* eine Zahl, die durchaus realistisch erscheint. Auf europäischen Eichen haben Forscher über 200 Käferarten gefunden, auf Kiefern waren es 160 und auf Birken 106.

Anders als ihr europäisches Pendant sind tropische Wälder aber außerordentlich reich an unterschiedlichen Bäumen und so ist Erwins Malvenbaum nur eine von 50 000 tropischen Arten weltweit. Unter der Annahme, dass auch auf anderen Tropenbäumen im Mittel eine ähnliche Anzahl verschiedener Käferarten lebt, erhält man 50 000 mal 163 = 8 150 000 tropische Baumkronenkäferarten weltweit. Da Käfer etwa vierzig Prozent der Gliederfüßer stellen, hieße das, so Erwins Argumentation, dass in den Kronen tropischer Bäume etwa 20 Millionen unterschiedliche Gliederfüßer leben. Er schätzte weiterhin, dass am Boden nur etwa halb so viele Arten zu Hause sind, sodass sich die Gesamtzahl auf insgesamt 30 Millionen Arten erhöht.

Nun besteht die Welt nicht nur aus den Tropen und nicht nur aus Baumkronen, und natürlich leben auch an diesen anderen Orten Käfer beziehungsweise Gliederfüßer, sodass wir getrost noch einige Hunderttausend, wenn nicht gar Millionen, Arten dazurechnen dürfen. Man fragt sich unwillkürlich, wie Haldane sich wohl ausgedrückt hätte, wenn ihm diese Zahlen bekannt gewesen wären.

Man muss allerdings gar nicht in die Ferne schweifen, um es mit rapide ansteigenden Artenzahlen zu tun zu bekommen. Als im Rahmen des Artenschutzprogrammes Baden-Württemberg eine Bestandsaufnahme der Pracht- und Hirschkäfer des Landes durchgeführt wurde, von Tieren also, die zu den größten und auffälligsten Insekten unserer Fauna gehören, stieg deren pro Messtischblatt gefundene Artenzahl in den 1990er-Jahren auf das Doppelte. Sie sind damals also viel weiter verbreitet gewesen, als man dachte. Mit anderen Worten: Sie waren immer schon da, aber niemand von uns Menschen hat sie gesehen oder zur Kenntnis genommen.

Vermutlich würde man einen ähnlichen Effekt für jede Käferfamilie an jedem Ort der Welt erzielen, wenn man einmal intensiv nach den Tieren suchen würde, was nur in den seltensten Fällen geschehen ist, schon gar nicht außerhalb Europas und Nordamerikas. Und sie zu kennen, heißt noch lange nicht, etwas über die Tiere zu wissen. Die imposanten Artenzahlen täuschen darüber hinweg, dass man viele Käferspezies nur an einer Stelle gefunden hat, ja von nicht wenigen kennt man überhaupt nur ein einziges Exemplar, das irgendein Entdecker von irgendwoher mitgebracht und seiner Sammlung einverleibt hat. Wie leben diese Tiere? Wie sind sie verbreitet? Was fressen sie? Fehlanzeige. Vor den Koleopterologen dieser Welt liegt noch viel Arbeit.

Terry Erwin hat später für seine nach Ansicht vieler Kollegen zu optimistischen Zahlen viel Kritik einstecken müssen, manche ermittelten mithilfe seiner in Panama gesammelten Daten allerdings noch höhere Artenzahlen. Der Brite Nigel Stork war zum Beispiel davon überzeugt, dass es viel mehr bodenbewohnende Arten gibt, als Erwin annahm. Und schwupp: sofort erhöhte sich die resultierende Gesamtartenzahl für die tropischen Wälder auf das Doppelte oder Dreifache.

Im Jahr 1505 schuf Albrecht Dürer diese Darstellung eines kampfbereiten Hirschkäfermännchens. Die Weibchen tragen kein Geweih.

Heute gehen die Schätzungen von Stork und seinen Kollegen, die sich auf verschiedene unabhängige Methoden stützen, von einer deutlich geringeren Zahl aus. Die Zahl der Insektenarten dürfte demnach bei etwa 5,5 Millionen liegen, die der Käfer bei etwa 1,5 (0,9 bis 2,1) Millionen. Aber auch das hieße, dass die große Masse der Krabbeltiere noch auf ihre Entdeckung und Beschreibung wartet. Wie viele von ihnen dies unter den Bedingungen des Anthropozäns noch erleben werden, steht allerdings in den Sternen.

Das treibt auch Terry Erwin um: die Geschwindigkeit, in der viele Arten verloren gehen, bevor sie überhaupt ein Menschenauge erblickt hat. Ansonsten aber ist er ganz anderer Meinung als sein britischer Kollege. Nachdem er über zwanzig Jahre hinweg Untersuchungen entlang einer neuen Straße durch den Regenwald von Ecuador durchgeführt hat, glaubt er, dass seine früheren Schätzungen eher noch zu niedrig lagen. 100 000 Gliederfüßerarten pro Hektar Regenwald haben er und seine Kollegen gefunden. Und allein das Amazonasbecken erstreckt sich über 17 Milliarden Hektar mit 450 verschiedenen Waldtypen und diversen Untertypen!

Es ging also hin und her und rauf und runter und die Wahrheit ist wohl, dass wir nie genau wissen werden, mit wie vielen Arten wir auf diesem Planeten zusammenleben. Wir wissen aber, dass ein erheblicher Teil von ihnen Käfer sind. Eine schlüssige Erklärung für deren außergewöhnliche Artenzahlen konnte bislang niemand liefern – J. B. S. Haldane natürlich ausgenommen. Warum ausgerechnet die Käfer? Sind sie nicht nur eine Insektengruppe von vielen? Was macht sie so besonders? War es die Ausbreitung der Blütenpflanzen im späten Erdmittelalter, die ihnen zu dieser herausragenden Stellung verholfen hat? Profitierten die Käfer mehr als andere von den neuen Pflanzen? Für einige mag das zutreffen, wie wir sehen werden, im Großen und Ganzen aber sprechen sowohl paläontologische als auch genetische Daten dagegen. Danach entstanden die wichtigsten Käfergruppen schon im Jura und damit vor dem Siegeszug der Blütenpflanzen. Entscheidend für ihren Artenreichtum scheint viel mehr eine, im Vergleich zu anderen Tiergruppen, außergewöhnlich geringe Aussterberate zu sein. Sie sind scheinbar unverwüstlich.

Um auch den Insekten und Käfern ein wenig Demut nahezulegen, sei hier noch auf eine aktuelle Studie der University of Arizona hingewiesen, die wirklich alle irdischen Organismenarten im Blick hat. Demnach gibt es ein bis sechs Milliarden Arten. Ja, Sie haben richtig gelesen, nicht Millionen, sondern Milliarden. 70 bis 90 Prozent davon sind Bakterien. Aus dieser Perspektive betrachtet schrumpfen die Käfer zu einer hyperdiversen Organismengruppe von vielen.

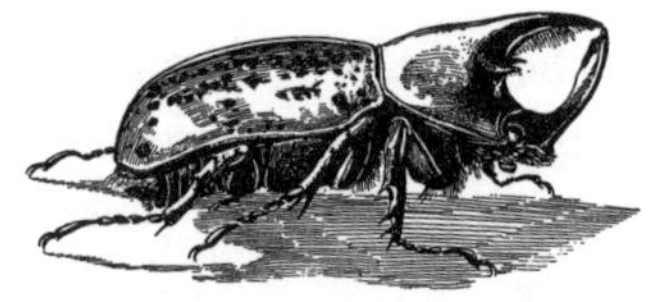

Pure Passion

Ich weiß nicht, ob ich mich täusche, aber das Lachen, das ich seinerzeit in der American Academy zu hören bekommen habe und andernorts noch immer höre, scheint mir kein freundliches Lachen zu sein. Vielleicht reagiere ich zu empfindlich. Ich merke jedoch, dass ich keine Lust mehr habe, Verständnis für dieses Lachen aufzubringen. Die Zeiten sind einfach nicht danach. Im Kern ist dieses Lachen spöttisch, von oben herab, und ich fürchte, es ist Ausdruck einer tief sitzenden Verständnislosigkeit, die wir uns nicht mehr leisten können.

Sicher, es gibt nicht wenige Tiergruppen, bei denen das Lachen lauter, das Unverständnis noch größer ausfallen würde. Aber Käfer sind in unseren Breiten klein und primitiv und für das moderne Leben scheinbar unbedeutend genug, um als Gegenstand leidenschaftlichen und ausdauernden Interesses erwachsener Menschen große Verwunderung auszulösen. Wie kann man sich nur einem solchen Thema zuwenden, fragt sich so mancher kopfschüttelnd. Die Viecher sind wie alle Insekten widerlich und mit Sicherheit ist damit nichts zu verdienen, weder Ruhm und Ansehen noch Geld. Brotlose Kunst. Nur als weltfremder Eigenbrötler, als Asket oder humorloser Misanthrop kann man einen solchen Lebensweg einschlagen. Wer sich als Ingenieur mit Spezialmaschinen oder als IT-Fachmann mit kryptischen Programmzeilen beschäftigt, erntet Lob und Anerkennung und klettert, wenn er oder sie es geschickt anstellt, die Leiter des gesellschaftlichen Aufstiegs nach oben. Käferforscher, ob weiblich oder männlich, verkommen von der Welt vergessen in den Irrgärten endloser Museumsflure, wenn sie denn überhaupt je eine Anstellung finden.

Ich möchte wetten, dass die Mitglieder des Entomologischen Vereins Krefeld, die im Jahr 2017 für Aufmerksamkeit sorgten, weil sie und nicht irgendwelche hoch spezialisierten Profis oder Bundesinstitute über 27 Jahre lang in vielen Naturschutzgebieten Daten sammelten, die das dramatische Sterben der Insekten und damit auch der Käfer belegen, von nicht wenigen in ihrem Umfeld als hoffnungslose Spinner wahrgenommen wurden. Ein so geduldiges Wirken, eine solche Leidenschaft für das Kleine und scheinbar Unwichtige, das uns umgibt, passt nicht in unsere Zeit. Dabei sind es doch diese unermüdlichen Privatforscher, die der Welt draußen zugewandt sind, nicht die, die sie verhöhnen.

Der Verständnislosigkeit und in Teilen auch begründeten Feindschaft (auf die später noch eingegangen werden wird) in großen Teilen der Bevölkerung steht bei einer bestimmten, durchaus prominent besetzten, aber kleinen Gruppe von Menschen eine mindestens ebenso große Begeisterung für Käfer gegenüber, die zur lebenslangen mit Akribie und großem Engagement betriebenen Passion werden kann. Die Rede ist von den Sammlern, zu denen ich als Schüler auch gehörte. Das war, bevor ich wie Terry Erwin zum Coleopteren-Massenmörder im Dienste der Wissenschaft wurde.

Käfer besitzen keine sterbliche Hülle, im Gegenteil. Wie alle Insekten stecken sie in einem den ganzen Körper umhüllenden

Prachtkäfer (Fam. Buprestidae*), hier Arten verschiedener Inseln im Indischen und Pazifischen Ozean, gehören überall in der Welt zu den auffälligsten Käfergestalten.*

Panzer, einem Außenskelett, und diese in ihrem Fall besonders robuste und nicht selten attraktive Chitinrüstung ist es auch, die letztlich von ihnen übrig bleibt, nur das Innere verrottet. Das macht sie zum idealen Sammelobjekt. Denn tote und getrocknete Käfer sehen fast genauso aus wie lebende, umso mehr, wenn man ihre Extremitäten, solange sie noch weich und biegsam sind, mithilfe von Klebstoff oder feinen Nadeln in einer dem lebenden Tier abgeschauten Position fixiert. Käferfreunde tun das nicht aus Pedanterie – obwohl ein gewisses Maß davon sicher nicht schaden kann, wenn man es auf diesem Gebiet zu etwas bringen will –, sondern um die zur Bestimmung der Tiere wichtigen Merkmale gut sichtbar zur Geltung zu bringen. Und die liegen nun mal nicht selten auf den Beinen. Um die Tiere vor dem Zerfall zu bewahren, muss man sie nur trocknen lassen, was ihren Körper wie eingefroren erstarren lässt, und dann – das ist entscheidend – in dicht schließenden Kästen aufbewahren, um den schlimmsten Feind zoologischer Sammlungen auszusperren. Ironischerweise handelt es sich dabei auch um einen Koleopter: den gefürchteten Museumskäfer, einen Vertreter der Speckkäferfamilie. Wer also verhindern will, dass die geliebte und mit viel Mühe zusammengetragene Sammlung zu Staub und in zahllose chitinöse Einzelteile zerfällt, sollte bei Tieren unbekannter Provenienz stets auf strikte Quarantäne achten.

Das Leben im Tode, das getrocknete Insekten und besonders Käfer vermitteln, hat Generationen von Sammlern fasziniert. Die Profis sind in der Käferkunde deutlich in der Minderzahl. Allein ständen sie gegenüber der Masse der Arten auf ziemlich verlorenem Posten. In kaum einer anderen Naturwissenschaft können Hobbyforscher an vorderster Front mitmischen. Auf jeden Profi kommen mindestens zehn Laienforscher, die es zu unbestrittenen Koryphäen auf ihrem Gebiet bringen können, denn natürlich sammelt man nicht alles, sondern entscheidet sich für eine oder einige wenige Käferfamilien. Nach ihrem Tod wird die mühsam zusammengetragene Sammlung von den

Hinterbliebenen entsorgt oder in die Obhut eines Museums gegeben. Deswegen ist zum Beispiel die große Sammlung des Berliner Museums für Naturkunde innerhalb weniger Jahrzehnte auf das Doppelte angewachsen und zählt nun sechs Millionen Käfer. Sind die Tiere sauber präpariert sowie Fundort und Fangzeitpunkt dokumentiert, stellen solche Privatsammlungen wertvolle Ergänzungen der Museumsbestände dar. Die Chitinrüstungen altern kaum, sodass man Fundstücke aus dem 18. Jahrhundert problemlos mit heutigen Exemplaren vergleichen und Information über ihre Verbreitung und Lebensräume gewinnen kann.

Erst kürzlich wurde ein von Charles Darwin persönlich vor fast zweihundert Jahren in Argentinien gesammelter Kurzflügelkäfer von einem Experten als unbekannte Art erkannt. Nach der für das arme Tier schicksalhaften Begegnung mit dem großen Naturforscher hatte es auf seiner Nadel zweihundert Jahre namenlos und unbeachtet in einer Museumsschublade zugebracht.

1987, in einer Zusammenstellung seiner insektenkundlichen Notizen, war das fragliche Tier – Darwin hatte ihm die Nummer 708 gegeben – noch als »lost«, also verloren, gelistet worden, und wenn ein einzelnes Exemplar innerhalb der zehn Millionen Käfer des Londoner Natural History Museum verschollen ist, weil es jemand in den falschen Kasten steckte, ist die Chance, es wiederzufinden, normalerweise gleich null. Aber dieser Käfer tauchte wieder auf. Ein amerikanischer Käfertaxonom hatte sich alle Tiere einer bestimmten Verwandtschaftsgruppe nach Chattanooga an die University of Tennessee schicken lassen, und mittendrin in der kleinen Kollektion von 24 Tieren, die

Der Käfersammler *wird fündig, gemalt von Carl Spitzweg um 1840.*

er aus London erhielt, steckte – fälschlicherweise – dieses eine mit dem blaugrün schillernden Kopf, das sofort herausstach, nicht nur weil es von Darwin selbst gesammelt und beschriftet worden war. Es sah einfach anders aus. Vermutlich war der Experte in Chattanooga der einzige Mensch auf der Welt, dem das auffallen konnte. Er taufte das Tier auf den Namen *Darwinilus sedarisi*, weil er beim Verfassen der Artbeschreibung Hörbücher von David Sedaris gehört hatte.

Die Chance, dass Artgenossen von *Darwinilus* noch in freier Natur leben, hält sein amerikanischer Entdecker für gering, denn die Bahia Blanca, wo Darwin das Tier vor zwei Jahrhunderten auflas, ist heute nicht mehr wiederzuerkennen. Gut möglich, dass dieser eine aus den Tiefen der Londoner Museumssammlung wieder aufgetauchte Käfer der einzige ist, der noch davon Zeugnis ablegen kann, dass er und seine Artgenossen zu Darwins Zeiten die Küste Argentiniens bewohnten. Wir Menschen haben ihnen für immer den Lebensraum genommen – das wird auch nicht dadurch aufgewogen, dass einige von uns auch die einzigen Wesen sind, die sich dafür interessieren, dass es diese Lebensform einmal gegeben hat.

Meist läuft die Übergabe einer Sammlung in Museumshände reibungslos, ausgerechnet bei der größten privaten Käfersammlung der Welt ging es diesbezüglich jedoch drunter und drüber. Ein ganzes Jahrzehnt säten die toten Käfer Zwietracht. Sie entzweiten die hinterbliebene Familie wie die Fachwelt, beschäftigten sogar den deutschen Innenminister und die Justiz bis hinauf zum Bundesgerichtshof. Und das alles, weil die damals 81-jährige Witwe sich partout nicht an die Vorgaben ihres sammelnden Mannes halten wollte, sondern eigene Pläne verfolgte. Für einen intimen Kenner der Vorgänge war dieser Käferkrieg »die typische Folge einer Sammlerehe«. »Von Käfern«, räumte die fränkische Tierarzt-Tochter ein, »hat er mir vor unserer Heirat nichts erzählt.«

Er, das war der Münchener Trachtenfabrikant Georg Frey, dessen Leidenschaft der Käferkunde gehörte. »Für eahm«, sagte sie später, »war's ja a schön's Hobby.« Für ihn, wohlgemerkt. Noch in hohem Alter ließ er Umwege fahren, erzählt sein Chauffeur, um irgendwo in freier Natur für ein paar Minuten mit dem Käscher auf Käferjagd gehen zu können.

Anfangs, und das hat ihm seine Frau Barbara wohl nie verziehen, stapelten sich seine Käferkästen im Schlafzimmer. Auch die schäbigen Absteigen in aller Welt hat sie nicht vergessen, »stinkende Hotels in den abgelegensten Gegenden«, so ihr Sohn Herbert, in denen sie und der Rest der Familie die Zeit totschlugen, während der Vater, das Streifnetz schwingend, fröhlich auf Käferjagd ging. Noch heute geben zahlreiche ledergebundene Tagebücher über diese Reisen detailliert Auskunft.

Bald erhielten die Käfer jedoch ein eigenes Domizil in der Nähe der Frey'schen Fabrik im Englischen Garten, um dann 1954 endlich in ein eigens errichtetes zweistöckiges Gebäude, ein Tadsch Mahal der Käfer, neben dem Landhaus der Familie in Tutzing am Starnberger See umzuziehen, das Museum G. Frey.

Hier gab es nun für den Käferverrückten kein Halten mehr. Mehrere fest angestellte promovierte Spezialisten kümmerten sich in dem Gebäude um die wertvolle Sammlung, die schließlich auf drei Millionen Käfer anwuchs, ein Bibliothekar ordnete die stetig wachsende Zahl an Fachpublikationen. Ab 1950 gab Frey sogar eine eigene Zeitschrift heraus: *Entomologische Arbeiten aus dem Museum Frey*. In diesem Haus, das Spezialisten aus der ganzen Welt aufsuchten, umgeben von seiner geliebten Sammlung, verbrachte Georg Frey mehr Zeit als im Kreis der Familie und mit seiner Frau. »Käfersammler san a b'sondere Rass«, sagte sie später und dachte sich ihren Teil. Auch dass ihr Mann vielen neuen Spezies den Artnamen *barbarae* gab, konnte sie nicht versöhnlicher stimmen.

Der Schwerpunkt der Sammlung lag auf den Blatthornkäfern oder *Scarabeiden,* zu denen unter anderem die schwarzen Mistkäfer gehören, die man häufig auf Waldwegen finden kann, aber auch Mai-, Juni- und Rosenkäfer und mehrere Tausend von zum Teil spektakulären Arten weltweit. Zu dieser Verwandtschaft gehören auch die Herkuleskäfer, groß wie

Ein Paar Herkuleskäfer. Nur das bis zu 20 Zentimeter große Männchen trägt die langen Hörner, die beim Kampf mit Rivalen zum Einsatz kommen.

eine Kinderfaust und so schwer, dass einer im Flug eine Fensterscheibe durchschlagen könne, wie *Der Spiegel* beeindruckt feststellte. Auch andere Käferfamilien waren gut vertreten und, besonders wertvoll, fast sechstausend sogenannte Holotypen, jene Originale also, nach denen die jeweiligen Arten erstmals beschrieben wurden. Frey kaufte 43 Sammlungen auf, erwarb die Ausbeute von 23 Fangreisen und finanzierte selbst acht Sammelexkursionen. Am Ende saß die Witwe als Alleinerbin ihres Mannes auf über sechstausend Käferkästen mit 120 000 Arten, ein Schatz, der Millionen Wert war und weltweit seinesgleichen suchte.

Sie beschloss, die Tiere nicht der Zoologischen Staatssammlung zu übergeben, wie ihr verstorbener Mann es vorgehabt hatte. Nach München, das hatte sie sich geschworen, kam die Sammlung nicht. Über die Gründe kann man nur spekulieren. Vielleicht nahm sie den Bayern übel, dass sie sie nicht schon viel früher von den Käferleichen befreit hatten. Damals, noch zu Lebzeiten ihres Mannes, war die Übergabe an bürokratischen Hürden gescheitert.

1986, zehn Jahre waren seit Georg Freys Tod bereits vergangen, bot sie die Sammlung schließlich einigen großen Museen zum Kauf an, die Zoologische Staatssammlung gehörte nicht dazu. Nicht weit entfernt, in Basel, erkannte man die Bedeutung der Offerte sofort und signalisierte größtes Interesse. Der Preis, den Barbara Frey verlangte, war ohne jeden Zweifel gerechtfertigt und sogar ausgesprochen günstig zu nennen, aber 2,3 Millionen D-Mark waren für ein Naturhistorisches Museum viel Geld, das man nicht auf dem Konto liegen hatte. Mögliche Sponsoren wurden angesprochen, reagierten aber zurückhaltend und Barbara Frey musste die von ihr gesetzte Frist noch einmal verlängern.

Erst eine farbige Seite voller funkelnder Käferrücken in der *Basler Zeitung* brachte schließlich die Wende. Käfer für Basel, ein, so *Der Spiegel,* »missionsbeseelter« Verein, wurde gegründet, der sich um Spendengelder bemühen sollte. Die Witwe schloss mit ihm einen Leih- und sogar einen Erbvertrag, der bis zu ihrem Tod geheim bleiben sollte.

Als man in München davon erfuhr, schrillten dort alle Alarmglocken. Freys Käfer seien der Staatssammlung versprochen, erklärte Ernst Fittkau, der damalige Direktor. Die Witwe sei nicht berechtigt, die Tiere ins Ausland zu verkaufen. Dieser Meinung war auch Herbert Frey, ihr Sohn, der den bereits eingeleiteten Abtransport der Sammlung mit einem Polizeieinsatz verhinderte. Eine »wissenschaftliche Sauerei« sei das gewesen, tobte er, »hinterfotzig, eine Art Erbschleicherei«. Ein tieferes Interesse an den Käfern hatten wohl weder der Sohn noch die Mutter.

Als die angerufenen Gerichte den Baselern recht gaben, versuchten es die Bayern mit einem letzten Trick. Sie ließen Freys koleopterologisches Lebenswerk vom Kulturministerium des Landes zum nationalen Kulturgut erklären, ein Witz, wenn man bedenkt, dass die begehrten Käfermassen nahezu ausschließlich im nahen und fernen Ausland zusammengefangen wurden. Eine Ausfuhr konnte jetzt nur noch der deutsche Innenminister genehmigen.

Doch die Basler hatten noch eine Trumpfkarte im Ärmel, den im Geheimen mit Barbara Frey geschlossenen Erbvertrag. Wieder wurde prozessiert. Schließlich räumten die Baseler als rechtmäßige Eigentümer das Frey'sche Käfermausoleum in Tutzing und deponierten die Sammlung im Heimatmuseum von Weil am Rhein, nahe der Schweizer Grenze. Hier warteten die stummen Lieblinge des Georg Frey auf die Entscheidung des Innenministers.

Seit 1997 befindet sich die Sammlung nun mit ministerialer Erlaubnis auf dem Münsterhügel im Naturhistorischen Museum Basel, wo sie wissenschaftlich erschlossen wird und allen Interessierten, auch den Konkurrenten aus München, zugänglich ist. Barbara Frey hat diesen Triumph nicht mehr erlebt. Sie starb 1992.

Im Vergleich zu den Käfermillionen des Georg Frey nimmt sich Charles Darwins Kollektion bescheiden aus. Er verfügte natürlich nicht über die Mittel des Münchner Lodenhändlers, hatte die reine Sammelei aber auch irgendwann hinter sich gelassen und beschäftigte sich mit anderen, großen Fragen der Biologie, wurde zum Begründer der Evolutionslehre. In jungen Jahren allerdings war er ein leidenschaftlicher, ja besessener Käfersammler gewesen, schon vor seiner Weltreise mit der HMS Beagle. Da er gern jagte, war ihm die Umstellung auf das Kleingetier nicht schwergefallen. Entomologische Sammelexkursionen und die Jagd haben einiges gemeinsam, die intensive geduldige Suche, die Verfolgung, das Töten und Präparieren der Beute und hinterher – so Adrian Desmond und James Moore, die Biografen Darwins – »die rituelle Angeberei«.

Den Sommer 1828 verbrachte der damals 19-jährige Charles zu Hause auf dem Familienanwesen Mount House in Shrewsbury, umsorgt von seinen älteren Schwestern Marianne, Caroline und Susan, die sich seit dem frühen Tod der Mutter um ihn gekümmert hatten. Natürlich ging er auch hier oft hinaus, um neue Käferarten für seine Sammlung zu finden, doch bald begann er Cambridge, wo er am Christ's College Theologie studierte, zu vermissen. Ihm fehlten die Debattierclubs, das kulturelle Leben, die Samstagabende im Haus des Botanikers John Stevens Henslow, wo er mit Kommilitonen und Lehrern seines Colleges über Naturgeschichte diskutierte. Vor allem, schrieb er, drohe er in Mount House »fast zu sterben, weil ich mit niemandem über Insekten reden kann«. Über Käfer, um genau zu sein. Als Kind hatten ihn seine Schwestern noch vom Schmetterlingssammeln abgehalten, weil sie es unangemessen fanden, so schöne Tiere zu töten, nur um sie anschließend hinter Glas in Holzkästen aufzubewahren. Sie erlaubten ihm nur zu sammeln, was schon tot war. Mittlerweile war er aber ein junger Mann und seine Liebe zu den Käfern entbrannte weit weg von zu Hause, in Cambridge – und dort gab es keine Schwestern.

»Wenn bloß Fox hier wäre«, stöhnte er. Gemeint war sein Großcousin William Darwin Fox, der ihn in die Entomologie eingeführt und mit seiner Leidenschaft für das Sammeln von Käfern angesteckt hatte. Die beiden standen diesbezüglich in einem freundschaftlichen Wettbewerb, und nicht nur sie. In den besseren Kreisen Englands und erst recht in Cambridge war eine regelrechte Käfermanie ausgebrochen. Die Theologiestudenten waren angehalten, »die unendliche Vielfalt von Gottes Schöpfung in Ehren zu halten«. Und in punkto Vielfalt, das wusste man schon zu Darwins Zeiten, waren Käfer nicht zu schlagen. »Käfersammeln«, schreiben Desmond und Moore,

Stolz zeigen sich die Beati possidentes, *die glücklich Besitzenden, die auf einer Insektenverkaufsmesse erstandenen neuen Stücke ihrer Sammlungen.*

»war zu einer neuen Sportart neben all den anderen geworden, und einer ihrer Champions war William Darwin Fox.«

Zum Käfersammeln gehörte auch die anschließende Präparation und Bestimmung der Tiere, wodurch Darwin sich viel naturkundliches Wissen aneignete. Während des Sommers informierte Charles seinen verehrten Vetter regelmäßig brieflich über seine Fangerfolge, fragte ihn um Rat und erklärte: »Es ist geradezu absurd, was für ein Interesse ich für die Naturwissenschaft entwickle.«

Als er im gleichen Jahr London besuchte, wollte er unbedingt die dort lebenden Koryphäen der Käferkunde kennenlernen. Insekten waren in der Hauptstadt »groß in Mode«. Gerade hatten einige Experten sich zu einem »zwanglosen entomologischen Club zusammengeschlossen«. Einen ganzen Tag verbrachte Darwin mit Reverend Hope, einem Freund und erfahrenen Sammlerkollegen aus Shropshire, der ebenfalls für eine Woche nach London gekommen war und ihn in die einschlägigen Kreise einführte. Darwin wurde freundlich aufgenommen, fühlte sich mit seinen Gastgebern auf Augenhöhe, konnte seine Sammlung um viele neue Käferarten ergänzen und gab danach für 15 Pfund einen neuen Kabinettschrank in Auftrag, um sie endlich angemessen unterbringen zu können.

Eine Anekdote, die Darwin selbst niedergeschrieben hat, illustriert, wie weit er und seine Sammlerfreunde in ihrer Leidenschaft zu gehen bereit waren: Auf einer seiner Sammelexkursionen hatte Darwin beim Abschälen der Rinde eines toten Baumes zwei seltene Käfer entdeckt und rasch mit beiden Händen zugepackt. Doch dann fiel ihm ein drittes Tier auf, das er sich ebenfalls um keinen Preis entgehen lassen wollte. Was tun? Um eine Hand frei zu bekommen, steckte er sich einen der beiden Käfer kurz entschlossen in den Mund – und traf dabei die falsche Entscheidung. Denn unglücklicherweise handelte es sich um einen Bombardierkäfer, einen circa zehn Millimeter großen braunschwarzen Spezialisten in chemischer Kriegsführung. Zur Feindabwehr bringt dieser Käfer in einer speziellen Explosionskammer zwei sehr reaktive chemische Verbindungen zusammen (Hydrochinon und Wasserstoffperoxid) und stößt dann mit einem Knall ein kochend heißes, ätzendes Gasgemisch aus, in diesem Fall in Darwins Mundhöhle. Der spuckte das Tier zwar sofort aus, war aber kurzzeitig desorientiert, verlor den Käfer aus den Augen, ließ vor Schreck auch die beiden anderen fallen und stand plötzlich wieder mit leeren Händen da. Sage also bitte niemand, dass die Jagd auf vergleichsweise kleine europäische Käfer keine Abenteuer und Gefahren bereithalte.

Übrigens haben japanische Forscher kürzlich herausgefunden, dass Bombardierkäfer ihre chemischen Waffen nicht nur in den Mündern von Sammlern einsetzen, sondern auch in noch viel aussichtsloserer Lage. Werden sie nämlich zur Beute von Kröten, die die Käfer ja unzweifelhaft in Tötungsabsicht verschlucken, lassen sie ihre chemische Bombe in deren Verdauungstrakt hochgehen. Auch wenn es manchmal bis zu anderthalb Stunden dauert, müssen sich die Kröten daraufhin übergeben. In immerhin 43 Prozent der von den Forschern beobachteten Fälle gelang den fast schon verlorenen Käfern auf diese Weise die Flucht.

Drei Jahre nach diesem Vorfall, im August 1831, fand Darwin bei seiner erneuten Rückkehr nach Shrewsbury ein dickes Kuvert vor. Es enthielt einige Briefe, unter anderem von Henslow, dem er mittlerweile sehr nahestand. Man bot ihm an, als wissenschaftlicher Begleiter auf einem britischen Vermessungsschiff mitzufahren, eine Weltreise, die mehrere Jahre in Anspruch nehmen würde. Er, Darwin, sei genau der Richtige dafür, schrieb Henslow. Klar, dass der Sammler Darwin von dieser Reise auch viele Käfer mitbringen würde. Am Ende waren es über achttausend, darunter einer mit grün schillerndem Kopf, der allerdings bald verloren gehen und erst im 21. Jahrhundert wiedergefunden werden sollte ... »Nichts bereitete mir so viel Freude wie das Käfersammeln«, schrieb Darwin in seiner Autobiografie, »es war pure Passion.«

Klein, aber explosiv – der Bombardierkäfer.

Viele Menschen, die später ein tiefgehendes Interesse für Biologie und die Natur entwickelten, machten als Kinder oder Jugendliche erste naturkundliche Gehversuche, indem sie Käfer sammelten. So erging es auch mir. Es war kein Verwandter, der mich ansteckte, sondern ein Schulkamerad. Vermutlich brauchte es keine allzu große Anstrengung, mich dafür zu begeistern. Biologe zu werden, war mein Traum gewesen, von Kindheit an, und hier öffnete sich ein Fenster zur Welt, von dessen Existenz ich vorher nichts geahnt hatte. Ich lernte, dass man gar nicht in ferne exotische Länder reisen musste, um fantastische Lebensformen zu entdecken. Wenn man richtig hinsah und auch das Kleine wertschätzte, was mit einer guten Stereolupe kein Problem war, fand man sie vor der eigenen Haustür, sogar in einer Großstadt wie Berlin.

Wenn ich Zeit hatte, fuhr ich manchmal mit dem Fahrrad und einer Umhängetasche, in der leere Schnappdeckelgläser klapperten, in den Grunewald und streifte dort herum. Ich benutzte bei der Jagd keine Hilfsmittel, keine Käscher oder Fallen. Nur meine Augen, meine Hände und die Gläschen. Das limitierte natürlich den Jagderfolg. Aber das machte nichts.

Durch die Suche nach Käfern wurde jeder Waldspaziergang zur Expedition. Er hielt möglicherweise aufregende Abenteuer bereit, wenn man etwas Besonderes fand oder beobachtete. Schatzsuche in der Natur. Käfer sind ein Fenster, durch das man schauen kann, um die verschwenderische Vielfalt der Welt zu erblicken. Und da die Tiere getrocknet und aufbewahrt werden können, ohne an Attraktivität einzubüßen, ist es möglich, diese Entdeckungsreisen zu jeder Tages- und Nachtzeit und am eigenen Schreibtisch in Gedanken zu wiederholen.

»Man braucht nur einen Sammler zu beobachten, wie er die Gegenstände seiner Vitrine handhabt«, schrieb Walter Benjamin. »Kaum hält er sie in den Händen, scheint er wie ein Magier durch sie hindurch in ihre Ferne zu schauen.« Jedes Sammlungsstück erzählt Geschichten, individuelle von der eigenen Herkunft, von dem Ort und den spezifischen Umständen der Begegnung mit seinem Sammler – und eine allgemeine, denn die Grundvoraussetzung jeder evolutiven Veränderung, die Variabilität einer Art, springt einem bei den Käfern förmlich ins Auge. Man betrachte nur einmal zwanzig Zweipunktmarienkäfer nebeneinander, und man wird feststellen, dass keiner wie der andere ist. Und man sieht und staunt, was über lange Zeiträume daraus werden kann, hier und andernorts, die schier unfassbare Zahl an Spezies, die alle den gleichen einfachen Grundbauplan in einer Weise variieren, die immer wieder überrascht – und von keinem Menschen hätte vorhergesagt werden können.

Leider, seien wir ehrlich, kann diese tiefe Versenkung des Sammlers durch verständnislose oder ignorante Mitbewohner, ja durch die bloße Anwesenheit von Nichtsammlern empfindlich gestört werden. An erster Stelle sind da, weil Sammler, warum auch immer, meist männlichen Geschlechts sind, die Partnerinnen und Ehefrauen zu nennen – ein schwieriges Thema. Die Geschichte von Barbara Frey, die nach dem Tod ihres Mannes offenbar einen lebenslangen Frust als Sammlerehefrau auslebte, lieferte bereits einen Vorgeschmack.

Auch wenn das folgende Zitat aus den *Entomologischen Blättern* schon 55 Jahre alt ist und möglicherweise nicht mehr eins zu eins auf die heutigen Verhältnisse übertragbar, ist es doch

Diese Sechs Käfer *stammen von dem in Haarlem geborenen niederländischen Maler Pieter Holsteyn der Ältere (1620–1662), der viele kleine Tierbilder anfertigte. Das Gemälde ist nur 16 mal 20 Zentimeter groß*

und etwa 450 Jahre alt. Doch die Tiere, darunter ein prachtvoller Moschusbock, wirken ungemein lebendig. Ihre identische Beinhaltung deutet aber daraufhin, dass es sich um präparierte Tiere handelte.

von Interesse, wie der Entomologe R. Bouwer »dieses Dilemma gelöst« hat:

> *Nähert sich meine Gattin nun meinem Arbeitszimmer, dann schiebt sich automatisch ein schwerer Riegel vor die Tür. Guter Stahl ist hier empfehlenswert. Sicher ist sicher. In der Tür befindet sich eine Durchreiche* [...] *Durch sie führen wir die notwendigen Gespräche. Auch erreicht mich auf diesem Wege Speise und Trank – vor allem das letztere –, die Post und Zigarren, während volle Aschenbecher und leere Flaschen in umgekehrter Richtung aus meiner Gedankenstätte abwandern. Ist alles drin, dann schließe ich unwiderruflich die Durchreiche.*

Wenn man sich die Mühe macht, die Ordnung innerhalb der zumeist kleinwüchsigen braunschwarzen Käferfauna Mitteleuropas zu entschlüsseln, motiviert es ungemein, wenn man hin und wieder ein echtes Juwel in den Händen hält, irgendeinen clownesk bunten oder monströs großen Bewohner ferner Länder und Ökosysteme. Da man solche spektakulären Exemplare nur in den seltensten Fällen selbst erbeuten kann, gibt es, und zwar schon ziemlich lange, die Einrichtung der Insektenbörse. Man bekommt dort alles, was man zum Insekten- und Käfersammeln braucht, das Zubehör und die präparierten Tiere selbst. Sogar lebende Käferriesen werden angeboten.

Da ich kurz vor Weihnachten Geburtstag habe und die Berliner Insektenbörse damals stets an einem Adventssonntag stattfand, bekam ich von meinen Eltern als eine Art vorgezogenes Geburtstagsgeschenk einen Geldschein in die Hand gedrückt, damit ich dort ein paar neue Käferarten erstehen konnte. Solange ich nur tote Tiere anschleppte und die Insektenkästen nicht auf dem Tisch im Esszimmer stapelte, konnten sich meine Eltern mit diesem Hobby arrangieren. Natürlich hätte ich liebend gern einen mächtigen Herkuleskäfer gekauft oder einen der großen Böcke, von denen wegen ihrer langen Fühler nur vier oder fünf in einen Kasten passen. Aber das ließ mein Budget nicht zu.

Außerdem stellte sich die Frage, die schon Darwins Schwestern umtrieb, umso dringlicher, je größer die Käfer waren, obwohl das zugrunde liegende Problem eigentlich nichts mit der Körpergröße zu tun hat: Darf man Lebewesen zu Sammelzwecken töten, nur um sie in Glaskästen zur Schau zu stellen? Wenn Käfer die Größe eines Spatzen oder gar einer Amsel erreichten, stellte sich mir diese Frage irgendwie drängender und unausweichlicher, und als ich Jahre später in Afrika tatsächlich einmal in die Situation kam, Käfer, die erheblich größer waren als der europäische Durchschnitt, selbst töten zu müssen, wenn ich sie behalten wollte, versagte ich auf ganzer Linie. Ich konnte es nicht, war außerstande, ihrem Todeskampf zuzusehen. Ich musste mich mit dem Sammler in mir auf den gleichen Kompromiss einigen wie seinerzeit der kleine Charles Darwin mit seinen großen Schwestern: In das Sammelgefäß kamen nur Käfer, die schon tot waren.

Erstaunlicherweise gab es die, wenn man die Augen aufhielt, ein paar wenigstens. Ich fand sogar einen großen schwarzen *Scarabeiden,* der einen Sammler wie Georg Frey zu Jubelschreien hingerissen hätte. Er lag auf dem Rücken. Seine Extremitäten ließen sich zwar noch bewegen, aber er war ohne Zweifel mausetot. Vielleicht hatte ihn gerade ein Herzanfall dahingerafft, oder die Altersschwäche, was wissen wir schon über die

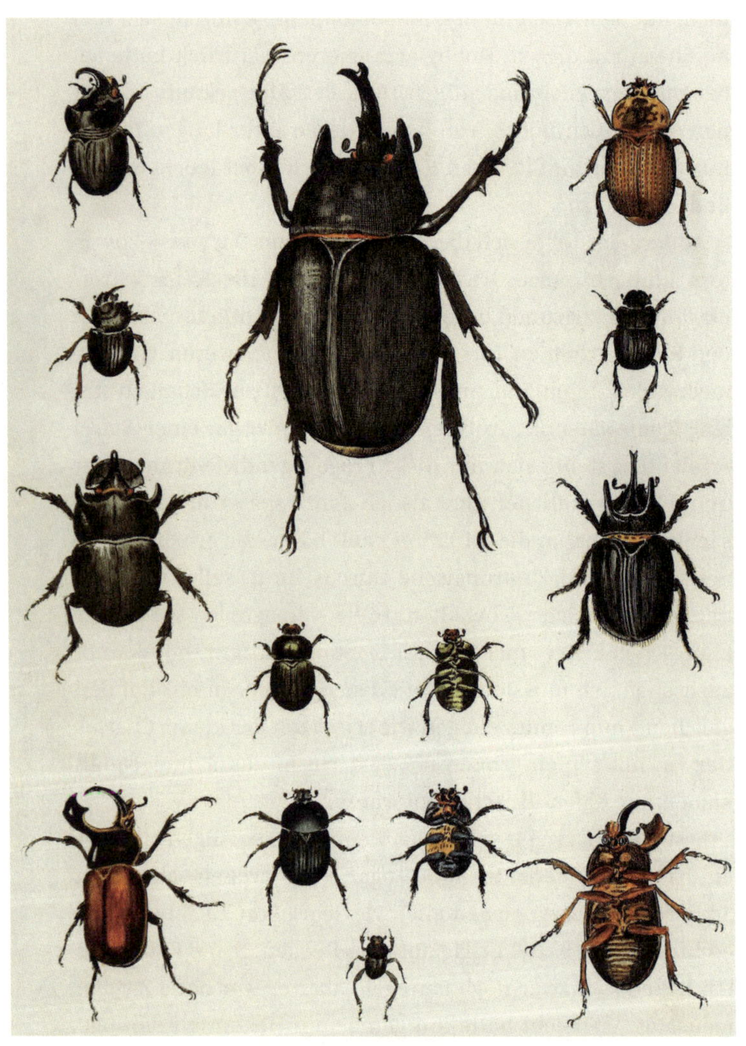

Blatthornkäfer (Fam. Scarabeidae*), die große Leidenschaft des Münchener Trachtenfabrikanten Georg Frey.*

Todesursachen von Käfern. Er füllte meine ganze Handfläche aus und übte auf dieselbe richtig Druck aus, wog, gefühlt, ein Pfund oder mehr. Käfer, die merklich Gewicht auf die Waage bringen – so etwas kennen wir in Deutschland kaum. Selbst ein Maikäfer ist dagegen ein Fliegengewicht. Das Tier war so groß, dass es nicht einmal durch die Öffnung meines Sammelgefäßes passte. Ich musste es in ein Papiertaschentuch wickeln. Kein Mensch, in dessen Brust je ein Käfersammlerherz schlug, kann so etwas zurücklassen.

Nur, es gab ein Problem, das ich nicht bedacht hatte. Als Europäer ist man Derartiges ja nicht gewöhnt. Es zeigte sich erst in den folgenden Tagen und hatte damit zu tun, dass der erst kürzlich verstorbene Käfer buchstäblich aus Fleisch und Blut bestand, wie alle anderen auch, abgesehen davon, dass Insekten streng genommen gar kein Blut besitzen, sondern eine farblose Körperflüssigkeit, die Hämolymphe genannt wird. Zu Hause spielte das keine große Rolle, weil unsere vergleichsweise kleinen Exemplare einfach viel weniger Weichteile enthalten, so wenig, dass sie eintrocknen, ohne dass dadurch große Belästigungen entstünden. Mein afrikanisches Exemplar aber hatte ein ganz anderes Format und, Sie ahnen es, dieses wunderbare Tier, auf das ich so stolz war, begann bald zu stinken. In geschlossenen Räumen wie Hotelzimmern und Autos ist das ein Problem. Ich hatte nicht bedacht, dass man Käfer dieser Größe wie Forellen oder Kaninchen ausnehmen muss. Ich versuchte ihn, wo es ging, auszulagern, deponierte ihn auf dem Fensterbrett oder Balkon. Aber irgendwann stand die Weiterreise an und er stank noch immer, roch bestialisch, um genau zu sein, so unangenehm, dass ich mich von ihm trennen musste. Die

Entscheidung war unumgänglich. Ich weiß nicht, ob Sie ermessen können, wie schwer mir das fiel.

Von der vorweihnachtlichen Insektenbörse brachte ich Jahr für Jahr eine kleine Kollektion mittelgroßer Käfer aus Afrika, Asien oder Südamerika nach Hause. Noch heute wird meine so entstandene kleine Exotensammlung gelegentlich als Faszinosum oder Gruselkabinett bestaunt, je nach Temperament der Betrachter.

Damit kein Missverständnis entsteht: Wenn es um die großen wissenschaftlichen Sammlungen von Museen und Instituten geht, halte ich das Töten von Tieren, auch von Käfern, für vertretbar und unvermeidlich. Kein Biologe tötet die Tiere gern, aber hier geht es um unsere Referenzsammlungen, es geht darum, dass klar ist, was wir meinen, wenn wir von einer bestimmten Art sprechen. Dazu sind meistens detaillierte Untersuchungen notwendig, die nur am toten Tier durchführbar sind.

Aber darf deshalb jeder nach Herzenslust Käfer fangen und töten, um sich eine eigene Sammlung aufzubauen? In Deutschland ist das fast unmöglich geworden. Der Gesetzgeber hat hohe Hürden aufgebaut. Das Fangen geschützter Tiere, wozu mehr oder weniger alle größeren und attraktiven einheimischen Käferarten gehören, ist grundsätzlich verboten, aus Naturschutzgebieten darf gar nichts entnommen werden. Mit meiner eigenen vergleichsweise unbedeutenden Sammeltätigkeit hätte ich heute gegen diverse Bestimmungen verstoßen. Es können Bußgelder bis zu 50 000 Euro verhängt werden. Charles Darwin und seinen begeisterten Gesinnungsgenossen hätte im 21. Jahrhundert der Bankrott gedroht.

Käfersammler zu werden, ist heute nur noch mit behördlicher Ausnahmegenehmigung möglich. Ich fürchte, ein so betriebener Artenschutz leistet der viel beklagten Naturentfremdung Vorschub, statt sie zu bekämpfen. Als ob bei uns das Überleben einer Insektenart je durch Sammler bedroht gewesen wäre. Industrielle Land- und Forstwirtschaft, die Totengräber unserer biologischen Vielfalt, sind von diesen Einschränkungen nicht betroffen oder erhalten Ausnahmegenehmigungen. Der bekannte Biologe und Publizist Josef H. Reichholf beklagt mit Recht, dass solche Bestimmungen ausgerechnet die naturkundlich interessierten Menschen treffen und aus der Natur aussperren. Dabei werden sie dringend gebraucht. Die institutionalisierte Wissenschaft und die zuständigen Behörden sind allein gar nicht in der Lage, flächendeckend ein Bild vom Zustand der Natur zu zeichnen. In Zusammenhang mit dem sogenannten Insektensterben ist dieses Unvermögen mehr als deutlich geworden. Es waren Laien und Sammler, die Alarm schlugen. Die Biologie entwickelt sich mehr und mehr zu einer reinen Laborwissenschaft. Der Naturkundler, der Pflanzen- und Tierarten kennt, ist eine aussterbende Spezies. Darwin würde sich im Grabe umdrehen, wenn er davon wüsste.

Sosehr ich dafür plädiere, unseren Kindern nicht durch einen Dschungel an Verboten und Vorschriften den Weg zu Abenteuern und einer vertieften Naturkenntnis zu verbauen, so skeptisch bin ich, was die Herkunft der vielen bunten und spektakulären exotischen Käferarten angeht, die man auf Insektenmessen kaufen kann. Durfte man sie überhaupt töten und exportieren? Wer tut das und wer profitiert davon? Ist diese Praxis nachhaltig oder werden hier, um kurzfristige

Ein Insektenzirkus, Paris 1932.

Profitinteressen zu befriedigen, ganze Faunen geplündert, um sie an reiche Europäer zu verhökern, die sie hinter Glas und farblich zu Teppich und Gardinen passend an die Wohnzimmerwand hängen? Immer wieder sah ich Menschen, die sich interessiert über die angebotenen Insektenmumien beugten und deren wichtigstes und einziges Auswahlkriterium die Farbe der Tiere zu sein schien. Darüber ärgerte ich mich maßlos. Ich begann mich auch zu fragen, woher die vielen Hirschkäfer kamen, die auf der Messe gleich kästenweise angeboten wurden, eine bei uns streng geschützte Art. Noch nie habe ich ein lebendes Tier in freier Natur gesehen.

Die in Süd- und Mittelamerika heimischen Herkuleskäfer (*Dynastes hercules*) mit ihren zehn bis fünfzehn Zentimeter langen Hörnern, die neben dem Riesenbockkäfer größten Käfer der Welt, sind natürlich besonders begehrte Sammelobjekte und wurden deshalb zu Weltbürgern. Ihre Bestände im Freiland sind nicht gefährdet, weil die Käfer mittlerweile überall gezüchtet werden, vor allem in Ostasien, wo man sie gern als Haustiere hält und in Turnieren gegeneinander antreten lässt. Männliche Käfer mit besonders großen Hörnern werden prämiert. Angeblich gehen die Männchen mit solcher Vehemenz aufeinander los, dass man das Klacken ihrer Panzer noch in einigen Metern Entfernung hören kann. Die Tiere leben in Gefangenschaft mehrere Monate, die Aufzucht der Larven dauert fast zwei Jahre. Käfer, die auf Messen verkauft werden, stammen also vermutlich aus Zuchten, wie mittlerweile bei vielen anderen Arten auch. Aber wer kann das schon nachprüfen und was ist mit dem Rest, der sicher den größten Teil des Angebotes ausmacht?

Ich wollte niemandem etwas unterstellen, aber mir wurde die Sache zunehmend suspekt. Als ich dann auch noch anfing, im Rahmen meiner Promotion aus wissenschaftlichen Gründen Käfer zu fangen und zu töten, stellte ich meine Sammeltätigkeit ein. Natürlich braucht jemand, der ökologisch über Käfer forscht, wie ich es tat, eine gute Vergleichssammlung, um seine Tiere bestimmen zu können. Das betrifft aber nur eine relativ kleine Gruppe von Käfern, in meinem Fall die *Carabiden* oder Laufkäfer. Ich beschloss, darüber hinaus keinen einzigen Käfer mehr zu Sammlungszwecken zu töten. Lebend sind die Tiere ungleich wertvoller.

Hätte ich in den 1990er-Jahren Käfermessen außerhalb Berlins besucht, zum Beispiel die in Berkheim bei Esslingen, wäre mir vielleicht ein uralter Mann mit feinem weißem Haar aufgefallen, der langsam, das Angebot taxierend, von Stand zu Stand ging und viele der Anwesenden persönlich zu kennen schien. Ob er etwas Bestimmtes suchte, um Lücken in seiner Sammlung zu schließen, oder ob er sich in diesem überwältigenden Angebot einfach nur von Bock- und Blattkäfern über die Rüssler zu den Lauf- und Schwimmkäfern treiben ließ und wieder zurück, ist nicht bekannt. Doch *Der Spiegel* wollte erfahren haben, dass der greise Messebesucher bei seinem Rundgang alles in allem dreißig Käfer erstanden haben soll, darunter ein »fast handtellergroßer Goliathkäfer aus Afrika«. Seine Sammlung umfasse »mittlerweile 40 100 Exemplare«.

Mit Georg Freys koleopterologischem Lebenswerk konnte sich der greise Mann also nicht messen. Das hatte er auch gar nicht nötig, denn auch so durfte er sich zu den berühmtesten Käfersammlern des 20. Jahrhunderts zählen: der Schriftsteller Ernst Jünger. Niemand hat sich mehr Gedanken über die Gründe und Hintergründe des Käfersammelns gemacht als er. In dem Buch *Subtile Jagden* hat er sie festgehalten. Ein Jahr nach dem Besuch in Berkheim starb er im biblischen Alter von

Afrikanische Goliathkäfer sind beliebte Sammlungsobjekte, und ihre mehr als 100 Gramm wiegenden Larven die schwersten Insekten überhaupt.

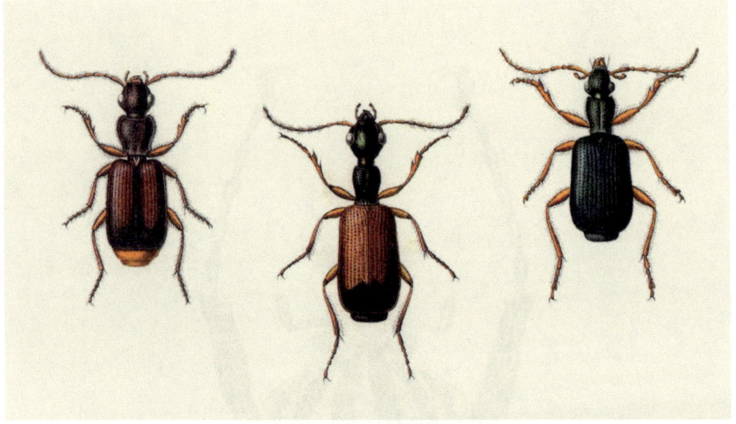

Drypta dentata *(re.) beglückte einst Ernst Jünger. Hier aus der* Fauna Germanica *von Edmund Reitter, lange Zeit das maßgebliche Käferbestimmungsbuch.*

102 Jahren. Die Käfersammlung, die er zeit seines Lebens zusammengetragen hat, ist im Jünger-Haus in Wilflingen, einem ehemaligen Forsthaus des Freiherrn Schenk von Stauffenberg, noch immer zu besichtigen.

»Zuletzt zeigte er mir seine Käfersammlung«, schrieb die damals 45-jährige Elfriede Jelinek am 6. September 1991 in der *ZEIT*. »Ich staunte über die in flachen Schubfächern zu Hunderten aufgespießten Wunder an Farbkraft und Formenvielfalt. Manche Tiere waren so klein, daß man sie mit bloßem Auge kaum sehen konnte.«

Jüngers Käfer sind in zwei eigens angefertigten Holzschränken in der Belle Etage des Hauses untergebracht. Stets war in all den Jahren um die Sammlung herumrenoviert worden, um sie durch die Erschütterungen nicht zu beschädigen. Sie ist das Ergebnis eines bewegten Sammlerlebens. Kaum ein Deutscher Schriftsteller ist so viel gereist wie Ernst Jünger, wobei sich die Reiseziele meist nach den Käfern richteten, die er dort zu finden hoffte und die er manchmal wochenlang suchte. Sogar in den Gefechtspausen des Ersten Weltkriegs hatte der 14-mal verwundete Jünger nach Käfern gesucht. Noch 1944, als Hauptmann beim Militärbefehlshaber in Frankreich, stieß er in einem Schützenloch, in dem er vor einem Bomberangriff Schutz suchte, auf eine blau schimmernde *Drypta dentata,* einen kaum neun Millimeter messenden Laufkäfer, der ihm noch nie zuvor begegnet war.

Ernst Jünger war Laie und er legte Wert darauf. Er hatte zwar in Neapel und Leipzig neben Philosophie auch Zoologie studiert, hielt aber zeitlebens eine skeptische Distanz zur akademischen Naturwissenschaft. In einer Laudatio zum 70. Geburtstag von Adolf Horion, des vielleicht bedeutendsten Käferkenners des 20. Jahrhunderts, erklärte Jünger:

> *Die Pflanzen und Tiere sind nicht nur Objekte wissenschaftlicher Messkunst und Betrachtung, sondern unendlich viel mehr. Sie sind auch schön, geheimnisvoll und mannigfaltig in einer Weise, die nie ergründet werden wird. In diesem Sinne sind sie nicht Ausschnitte, Spezialitäten, sondern Schlüssel zur gesamten Natur.*

Horion war katholischer Geistlicher und wie Jünger auf wissenschaftlichem Gebiet ein Amateur, »jemand«, wie es der Zoologe Joachim Illies beschrieb, »der nie für seine Wissenschaft bezahlt worden ist, sondern sie immer so betrieben hat, wie man eben etwas betreibt, das man aus Liebe tut, aus innerem

Ansporn und Engagement«. Horion hinterließ der Nachwelt ein Mammutwerk, das so wohl nie wieder entstehen wird, eine zwölfbändige *Faunistik der Mitteleuropäischen Käfer.*

Seine Sammelleidenschaft beschrieb Ernst Jünger als eine Art Flucht, als eine jener »höheren Arten, sich den empirischen Verhältnissen zu entziehen«. Es ginge für ihn um den »Ausbau einer unsichtbaren Nebenkammer, die offen steht, wenn Zeit und Umstände widrig zu werden drohen«. In Jüngers langem Leben ist das sicher nicht selten der Fall gewesen.

Neben den Käfern hortete er auch Zeitschriften wie *Isis,* eine *Zeitschrift für alle naturwissenschaftlichen Liebhabereien,* in der er, so steht es in *Subtile Jagden,* »noch Liebe« vorfindet, »unmittelbarer Eros zu den Dingen, weder zu bloßer Messkunst vergletschert noch zum Hobby degradiert«.

Was hätte er wohl zur modernen molekularen Systematik gesagt, die Verwandtschaftsbeziehungen von Käfern und anderen Lebewesen anhand von DNA-Sequenzen analysiert und in der selten je ein ganzes Tier zu sehen ist.

Aber »zu bloßer Messkunst vergletschert«? Betrachten wir zur Ehrenrettung der Forscher nur ein Beispiel. In den frühen 1980er-Jahren machten der Kanadier Darryl Gwynne und sein Kollege David Rentz im Süden Australiens durch Zufall eine seltsame Entdeckung. Sie ertappten ein großes braunes Prachtkäfermännchen dabei, wie es versuchte, eine leere Bierflasche zu begatten. Die Australier nennen diese nur 370 Milliliter fassenden kleinen braunen Flaschen »Stubbies«. Das fragliche Exemplar war wahrscheinlich, wie viele andere, die in der Nähe herumlagen, auch von vorbeifahrenden Fernfahrern aus dem LKW-Fenster geworfen worden.

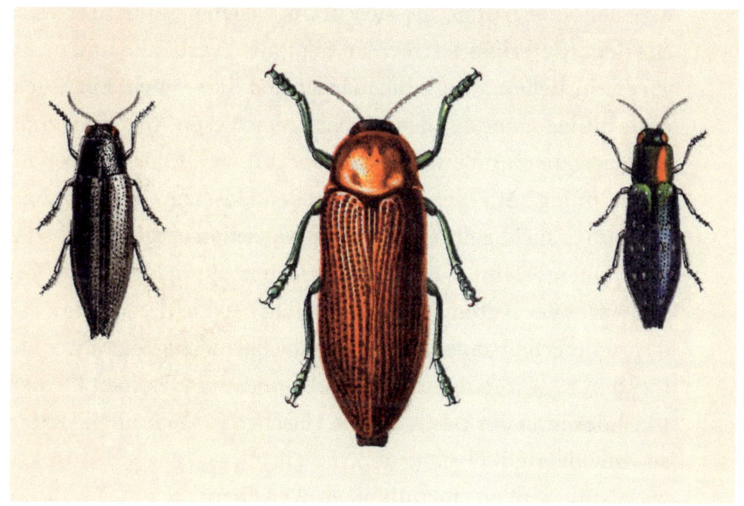

*Australische Prachtkäfer (*Julodimorpha*, Mitte) entwickelten eine für sie fatale Leidenschaft für Bierflaschen.*

Die vier Zentimeter großen, intensiv rotbraun gefärbten *Julodimorpha*-Käfer, deren Larven an Eukalyptuswurzeln leben, hätten es eigentlich verdient, ihrer selbst wegen geschätzt zu werden, denn sie sind durchaus hübsch anzusehen. Da Gwynne und Rentz aber noch weitere Tiere fanden, die vergeblich versuchten, mit einer achtlos weggeworfenen Stubby anzubandeln, haben die Prachtkäfer nun das zweifelhafte Vergnügen, als *beetles on the bottle* in die Literatur eingegangen zu sein, als die Käfer, die durch nichts in der Welt davon abzubringen waren, mit weggeworfenen Bierflaschen zu kopulieren, und das bis zum bitteren Ende. Zum Entsetzen der beiden Forscher wurden einige der liebestollen Männchen nämlich von

Ameisen angegriffen, die sich in die weichen Teile ihrer weit aus dem Hinterleib gestreckten Genitalien verbissen und nicht wieder losließen. So wie die männlichen Käfer auch. Ein Stück entfernt lag einer auf dem Rücken, der diesen Angriffen zum Opfer gefallen und mit Ameisen übersät war. Oder starb er an Erschöpfung? Am Bier, das sich in den Flaschen befunden hatte, kann es nicht gelegen haben. Es war schon lange verdunstet.

In einem kleinen Experiment legten die beiden Käferforscher vier der leeren Flaschen aus und beobachteten, wie zwei davon innerhalb einer halben Stunde hartnäckige Verehrer anlockten. Es waren die braune Farbe und einige Reihen kleiner Glashöcker an der Basis, die die Flaschen für männliche Käfer so unwiderstehlich machten, möglicherweise sogar attraktiver als die großen flugunfähigen Weibchen, die eine ähnliche Färbung aufweisen. Das ließ die Stubbies zu einer echten Bedrohung werden. Für die Käfermännchen waren die Flaschen offenbar *supernormal releasers,* besonders starke Auslöser ihres Kopulationsverhaltens, eine Falle, aus der es für die Tiere kein Entkommen gab. Anders gefärbte Flaschen sind für die Tiere uninteressant, das haben Gwynne und Rentz getestet. Sie fliegen nur auf die echten Stubbies, die aber lagen damals leider überall herum und stellten somit eine echte Gefahr für den Fortpflanzungserfolg dieser Prachtkäfer dar.

Die besorgten Forscher wandten sich an die Bierproduzenten, die sich glücklicherweise einsichtig zeigten. So führte ein Zufallsfund zweier engagierter Käferforscher letztlich zu einem neuen Stubby-Design ohne unbeabsichtigte Nebeneffekte.

Fast dreißig Jahre später, im Jahr 2011, wurden Darryl Gwynne und David Rentz dafür als erste Käferforscher mit dem Nobelpreis ausgezeichnet, dem Ig-Nobelpreis, um genau zu sein, eine Auszeichnung, die alljährlich in der renommierten Harvard University vergeben wird. Ig-Nobel ist ein Wortspiel mit dem englischen *ignobel,* was so viel wie unwürdig oder schändlich bedeutet, und das Ganze ist eine Spaßveranstaltung, bei der viel gelacht wird und die Zuschauer die Bühne mit Massen von Papierfliegern angreifen dürfen. Der Preis wird für Forschungsergebnisse verliehen, die einen erst zum Lachen und dann zum Nachdenken bringen.

Ernst Jüngers *Subtile Jagden* habe ich vor vielen Jahren gelesen, in meiner Zeit als aktiver Sammler. In Erinnerung geblieben ist mir vor allem eine Passage, die mich bis heute beschäftigt. Jünger erzählt darin, wie er irgendwann in den 1920er- oder 1930er-Jahren an einem Mittelmeerstrand nach *Cicindelen* suchte, nach Sandlaufkäfern, sehr agilen, flugaktiven und hübschen Räubern mit schillernden Flügeldecken und großen Kugelaugen. Er berichtet, wie ganze Wolken von *Cicindelen* aufstoben, als er über den Strand lief.

Wie bitte, ich stutze damals wie heute. Wolken von Sandlaufkäfern, von diesen Seltenheiten? An einem Mittelmeerstrand? Ich bin schon oft an diversen mediterranen Stränden gewesen, aber Käfermassen in welcher Form auch immer sind mir dort nie begegnet. Wolken von Sandlaufkäfern wären mir aufgefallen, ja, ein einzelner Sandlaufkäfer wäre mir aufgefallen.

Jüngers Schilderung ist eine der seltenen Gelegenheiten, bei denen man sich der Tatsache gewahr wird, dass die Natur, die wir heute erleben, nur noch eine verarmte Variante einer einst viel reichhaltigeren Welt ist. Einzelne Sandlaufkäfer kann man

Weil ihre Lebensräume verschwinden, werden die Sandlaufkäfer immer seltener. Hier eine Darstellung des Feld-Sandlaufkäfers aus dem Jahr 1792.

heute vielleicht finden – wenn man Glück hat. Bis man von einem Zeitzeugen, in diesem Fall von Ernst Jünger erfährt, dass es sie einst in großer Zahl gab, wäre uns das als Möglichkeit nie in den Sinn gekommen. Wir hätten gedacht, sie wären eben selten wie viele andere Tierarten auch. Und Wolken von Sandlaufkäfern? Niemals.

Man nennt dieses verhängnisvolle Phänomen *shifting baselines:* Jede Generation vergleicht Veränderungen in ihrer Umwelt mit dem Zustand, den sie in ihrem Leben selbst erfahren hat. Dass dieser Zustand, der uns unbewusst als Bezugspunkt dient, schon das Ergebnis einer rasanten Talfahrt ist, kann von uns sinnlich nicht erfasst werden. Was man nicht kennt und nie gesehen und erlebt hat, kann man nicht vermissen.

So verschiebt sich das, was wir für eine vermeintlich gesunde unberührte Natur halten, von Generation zu Generation, ohne dass wir es merken und ohne dass wir etwas dagegen tun könnten. Saubere Windschutzscheiben sind für heute aufwachsende Kinder der Normalfall, für uns Ältere sind sie sichtbarer Ausdruck einer unheimlichen Veränderung. Deshalb sind Berichte wie die des Käfersammlers Ernst Jünger so wichtig. Nur durch sie, durch Erzählungen von Zeitzeugen, durch ein Prosastück, durch einen historischen Filmausschnitt oder durch Fotos, kann die Erinnerung an eine einst reichhaltigere Natur weiterleben.

Das Insektensterben, das heute die Öffentlichkeit beschäftigt (– wenn es nur so wäre –), ist lediglich eine weitere Stufe eines bereits länger andauernden Abwärtstrends, es markiert ›nur‹ das mögliche Ende derer, die bis heute überlebt haben. Fast die Hälfte aller einheimischen Käferarten wurde aber schon vor zwanzig Jahren in den Roten Listen als gefährdet geführt, viele Arten galten bereits als ausgestorben oder verschollen.

Ernst Jüngers Schilderung führt uns ein Beispiel und damit sicher nur die Spitze des Eisbergs vor Augen. Wir müssen wohl leider zu dem Schluss kommen: Die Zeit der Darwins, Freys, Jüngers und Horions, die große Zeit der Käfersammler ist vorbei.

Straßenkehrer

Eine Piste aus festgefahrenem rotem Sand im Tsavo-West-Nationalpark in Kenia. Rechts und links mannshohes Buschwerk. Unter heftigem Geschaukel fahren wir mit unserem zweisitzigen Geländewagen einen Hügel hinauf und ziehen dabei eine viele Meter lange Staubwolke hinter uns her.

Unterhalb der Hügelkuppe liegt plötzlich etwas auf der Straße und hindert uns an der Weiterfahrt, undefinierbare gelblich braune Haufen. Wir lassen den Wagen ausrollen und halten ein paar Meter entfernt an. Es ist Dung eines großen Pflanzenfressers, als hätte jemand eine Ladung übergroßer Pferdeäpfel auf die Straße gekippt. Elefanten!

Weit können sie noch nicht sein, der Kot ist frisch. Wir sehen uns um, bleiben unschlüssig im Wagen sitzen und können uns nicht dazu entschließen, einfach weiterzufahren, durch die braune Masse hindurch, wegen des Drecks und vor allem, weil der Dunghaufen irritierend lebendig wirkt. Er ist in Bewegung, hebt sich hier und senkt sich da und scheint beim Zusehen zu schrumpfen. Merkwürdig.

Schließlich hält es mich nicht mehr im Auto. Ich will wissen, was da los ist, steige aus und trete vorsichtig näher. Die gelbbraunen Haufen sehen aus wie eine Lehm-Stroh-Mischung. Später lese ich in einer Fachpublikation, dass die durchschnittliche Größe der Pflanzenfasern in Elefantendung ziemlich genau fünf Millimeter beträgt. Mit Stroh lag ich also gar nicht so falsch. Es macht bis zu 80 Prozent der Dungtrockenmasse aus. Der Rest ist allerdings kein Lehm.

Jetzt erkenne ich, dass es im Dung tatsächlich von Leben wimmelt. Es sind große schmutzig schwarze Käfer, die sich in einer ungeheuren Geschäftigkeit mithilfe ihrer Beine und des gezähnten, wie eine Schaufel geformten Kopfvorderrandes durch den Elefantenkot wühlen.

Wie haben sie den so schnell entdeckt? Es sind mehrere Dutzend und noch immer treffen neue ein, die sich sofort ins Gewühl stürzen. Sie verlieren keine Zeit, gönnen sich keine Sekunde Ruhe. Die Konkurrenz ist groß, deshalb geht es für die Käfer ausschließlich darum, sich möglichst schnell eine kinderfaustgroße Dungmenge zu sichern, sie mithilfe der speziell geformten Oberschenkel und durch Rollen zu einem Ball zu formen und dann mit der Pille zwischen den Hinterbeinen, gleichsam im Handstand laufend, das Weite zu suchen.

»Hier sind die Straßenkehrer am Werk«, beschrieb der große Jean-Henri Fabre in seinen *Erinnerungen eines Insektenforschers,* was wir hier erleben. »Käfer, die das wichtige Amt haben, den Erdboden rein zu halten.« Was angesichts der Dungmengen, um die es hier geht, keine leichte Aufgabe ist.

Doch die sechsbeinigen Straßenkehrer werden mit der Hinterlassenschaft der Dickhäuter spielend fertig. Es dauert nur eine gute halbe Stunde, dann ist die Straße weitgehend geräumt. Die Käfer verschwinden mit ihren tennisballgroßen Pillen aus Elefantendung im Busch und wir können unsere Fahrt fortsetzen.

Ich erinnerte mich, von 4000 Käfern gelesen zu haben, die sich innerhalb einer halben Stunde auf einen frischen Haufen Elefantenkot stürzten. Dagegen war unser Dung geradezu unterbesetzt. Oder ich habe nur auf die betriebsamen großen schwarzen Käfer gestarrt und dabei all die kleinen und kleinsten übersehen.

Frischer Dung übt auf die Käfer eine magische Anziehungskraft aus, besonders hier, in diesem trockenen Buschland. Es ist eine seltene Ressource, die noch dazu extrem ungleichmäßig verteilt ist. Und die nicht feucht bleibt. Die Käfer fressen aber vor allem die flüssigen Bestandteile des Dungs, deshalb müssen sie zur Stelle sein, bevor er austrocknet. Und sie müssen schneller sein als die anderen. Denn es gibt viele Interessenten.

Doch Vorsicht! In manchen Gegenden der Welt könnte einen die eigene Gier nach Dung das Leben kosten. Sind die verlockenden Haufen womöglich eine Falle?

Es gibt eine kleine Eule, eine Verwandte des Steinkauzes, die in Erdhöhlen lebt und dort auch ihre bis zu elf Küken aufzieht, *Athene cunicularia*. Sie wird Kaninchenkauz oder Prärieeule genannt, ein reizendes Geschöpf. Gerne nutzt sie die Bauten von Präriehunden, doch wenn nichts Geeignetes zu finden ist, gräbt sie die meterlangen unterirdischen Gänge auch selbst.

Kaninchenkäuze sind gesellig und leben in kleinen Kolonien zusammen. Sie fressen allerlei Kleingetier, vor allem Insekten, aber auch Säugetiere und kleine Vögel. Dungkäfer, etwa zwei Zentimeter groß, scheinen sie besonders gern zu mögen. Um den Nachschub an dieser Köstlichkeit nicht dem Zufall zu überlassen, tragen sie Säugetierkot zusammen und drapieren ihn in der unmittelbaren Nähe ihres Höhleneingangs. Dort stehen sie dann auf ihren für eine Eule ungewöhnlich langen Beinen, haben alles im Blick und müssen nur noch zupacken, wenn die vom Köder angelockten Käfer eintreffen. Eine Jagdstrategie, die außergewöhnlich erfolgreich ist.

Experimente haben gezeigt, dass Käuze, die *fischen,* wie es die Forscher nennen, zehnmal mehr Dungkäfer erwischen als ihre Artgenossen, deren Köder man gemeinerweise entfernt hat. Aus Sicht der Dungkäfer in aller Welt kann man nur froh darüber sein, dass der Kaninchenkauz ausschließlich in den Grassteppen der beiden Amerikas lebt.

Sicher war es kein Zufall, dass Jean-Henri Fabre das monumentale vielbändige Werk über seine Insektenbeobachtungen mit einem Stück über den Pillendreher begann. Er ist schließlich nicht irgendein Insekt, sondern etwas ganz Außergewöhnliches, ein Handwerker und Heiliger unter den Käfern, *Scarabaeus sacer,* der Heilige Pillendreher.

Es gibt viele verwandte Arten, die so leben wie er. Man kennt etwa achttausend verschiedene Dungkäfer in aller Welt, die meisten sind nahe Verwandte des Skarabäus und gehören wie er zu den Blatthornkäfern oder *Scarabeiden,* jener mehrere Zehntausend Spezies umfassenden Käfergroßfamilie, die den Schwerpunkt von Georg Freys Sammeltätigkeit bildete. Dabei sind es nicht so sehr die unappetitliche Lebensweise und ökologische Bedeutung, die es den Sammlern angetan haben, sondern die zum Teil beträchtliche Größe der Tiere, ihre mitunter leuchtenden Farben und die nicht selten spektakulären Hörner und Kopfanhänge der Männchen.

Viele der Dungfresser sind extrem wählerisch und mögen beileibe nicht jede tierische Ausscheidung, was, wie wir gleich sehen werden, zu großen Problemen führen kann. Die meisten

Manchmal arbeiten zwei Pillendreher beim Rollen einer Dungkugel zusammen. Was wie kooperatives Verhalten aussieht, endet in versuchtem Diebstahl.

verwerten ausschließlich Dung bestimmter Säugetierarten und lassen alles andere links liegen. *Scarabaeus sacer* selbst ist eher anspruchslos und nimmt, was er kriegen kann, auch menschliche Ausscheidungen. Etwas kleiner als die zentralafrikanische Verwandtschaft, die sich um den Elefantendung kümmert, findet man ihn im gesamten mediterranen Raum und den angrenzenden Gebieten Afrikas und Asiens.

Heiliger Pillendreher – eigentlich gibt es keinen Grund, warum gerade diese eine Spezies über die Masse der sechsbeinigen Entsorgungsspezialisten gestellt wurde. Vor mehr als zweitausend Jahren haben es die Menschen in dieser Beziehung nicht allzu genau genommen. Einem heutigen Koleopterologen mögen die Haare zu Berge stehen, für die alten Ägypter spielten aber nicht nur der Skarabäus, sondern auch andere Freunde des Dungs wie der Seidige Pillenwälzer *Gymnopleurus,* der Mondhornkäfer *Copris* sowie Arten der Gattungen *Kheper* und *Catharsius* eine wichtige mythologische Rolle. Wurden all diese Käfer überhaupt als unterschiedlich erkannt oder spielte das gar keine Rolle? Der Heilige Pillendreher selbst lebt gern in Küstennähe, wie die Menschen. Vielleicht war er deshalb für sie besonders präsent und augenfällig. *Scarabaeus sacer* steht hier jedenfalls stellvertretend für alle Straßenkehrer, die einer ähnlich bedeutsamen Tätigkeit nachgehen. Seinen Artnamen ›der Heilige‹ bekam er ohnehin erst viele Hundert Jahre nach dem Untergang der altägyptischen Kultur, im Jahr 1758 durch den berühmten schwedischen Systematiker Carl von Linné.

Unabhängig davon, welche Käfer nun genau gemeint waren – ist es nicht erstaunlich, dass die Menschen überhaupt in Dung wühlende Tierarten in eine derart herausgehobene Stellung befördert haben, Insekten, die sich ausgerechnet von Kot ernähren? Es hätte jede Menge Anwärter gegeben, makellos saubere, farbenprächtige und funkelnde Käferjuwelen, deren Schönheit die Betrachter sprachlos werden lässt. Stattdessen wurden die auserkoren, die echte Drecksarbeit verrichten.

Doch wie setzt sich dieser Vegetarierdung eigentlich zusammen und was davon fressen die Käfer und ihre Larven? Sie stopfen den Dung jedenfalls nicht wahllos in sich hinein. Wie eingangs schon gesagt, sind bis zu 80 Prozent seiner Trockenmasse Pflanzenfasern, und weder die großen Säugetiere mit ihren Zähnen und Milliarden von Darmmikroben konnten diese Fasern verwerten, noch können es die Käfer oder ihre Larven, weil sie dafür gar nicht die geeigneten Kiefer besitzen. Sie ernähren sich von dem Rest, der im Wesentlichen aus lebenden oder toten Bakterien besteht. Ihre Mundwerkzeuge sortieren die Pflanzenfasern aus, pressen das Wasser aus der Mikrobenmasse und verzehren, was übrig bleibt. Ob Sie es glauben oder nicht, Dung, vor allem sein mikrobieller Anteil, ist reich an Vitaminen.

Da sich so viele lebende Bakterien darin befinden, haben Käfer wie die Pillendreher ein Problem. Vor allem bei den größeren Arten könnten Mikroben den Dung nämlich schneller zersetzen, als die eigene Larve ihn fressen kann, um ihre Entwicklung abzuschließen. Da das aber in der Regel gelingt, muss der Dung von den Elterntieren in irgendeiner Weise konserviert werden, möglicherweise durch Abgabe antimikrobiell wirkender Stoffe. Oder die Larve erledigt das selbst. Und tatsächlich, Wissenschaftler konnten aus Larven des Mondhornkäfers *Copris tripartitus* ein kleines Eiweißmolekül mit einem breiten antibakteriellen Wirkungsspektrum isolieren. Sie nannten das Peptid Coprisin. Ob dieser Stoff allerdings wirklich eingesetzt wird, um die Dungpille frisch zu halten, muss erst noch bewiesen werden.

Es gibt mehrere Tausend Arten von Dungkäfern, viele tragen Hörner auf dem Kopf und / oder Halsschild.

Im alten Ägypten pflegten die Menschen intensive religiöse Beziehungen zu Tieren. Viele Götter wurden als Tiere oder Menschen mit Tierköpfen dargestellt: Anubis war schakalköpfig, Horus trug den Kopf eines Falken, andere den eines Krokodils oder eines Ibis.

Chepre, die morgendliche Erscheinungsform des altägyptischen Sonnengottes Re, besitzt in vielen Darstellungen einen Skarabäus als Kopf und eben keinen goldglänzenden Rosenkäfer. Eine ordentliche Pille drehen können alle diese schillernden Käferschönlinge nämlich nicht und genau darum ging es. Wie der Gott die Sonne von Ost nach West über den Himmel rollt, formt der Käfer seinen Dung zur perfektesten aller geometrischen Figuren, der Kugel, und kullert sie dann über den Boden. Bevorzugt er dabei nicht auch die Ost-West-Richtung? Darstellungen zeigen den Käfer mit der Sonnenscheibe zwischen den Hinterbeinen. Am Ende des Tages geht die Sonne unter und der Käfer vergräbt seine Pille, als Nahrung für die Nachkommen oder, das wird oft vergessen, für sich selbst.

Chepre ist »der, der von selbst entstand«. Und »der Mistkäfer ist«, in den Worten des arabischen Gelehrten Al-Qazwini, der 1283 starb, »das kleine schwarze Tier, das aus dem stinkenden Mist entsteht«. Es ging die Mär um, dass es nur männliche Käfer gäbe. Angeblich befruchteten sie die unterirdisch deponierte Dungkugel mit ihrem Samen und zeugten so neuen Nachwuchs. Nach den jährlichen Überflutungen durch die Wassermassen des Nils gehörten die Heiligen Pillendreher zu den ersten Lebewesen, die sich wieder blicken ließen. Und sie entwickelten sich dort, wo der Verfall regierte. Sein Hieroglyphenzeichen steht für das Werden und Entstehen.

Skarabäen galten im alten Ägypten als Glücks- und Auferstehungssymbole. Es gibt Nachbildungen aus allen nur denkbaren Materialien, als Schmuck und Grabbeilage. Mit Sprüchen aus dem Buch der Toten versehen, legte man sie den Verstorbenen anstelle des Herzens in die Brust. Skarabäusnachbildungen wurden später im ganzen Mittelmeerraum zu einer Art Modeschmuck.

Aber nicht nur hier, überall in der Welt, in den unterschiedlichsten Kulturen, spielten Käfer eine wichtige Rolle in den jeweiligen Schöpfungsmythen. Die Cochiti-Pueblo-Indianer glaubten, dass ein Dunkelkäfer (*Tenebrionidae*), der die Sterne am Himmel verteilen sollte, sie aus Nachlässigkeit fallen ließ und so die Milchstraße formte. In den Mythen der Cherokee war es ein Wasserkäfer, der aus einer tieferen Welt Schlamm nach oben brachte und daraus die Berge und Täler der Erde modellierte. Ein *Scarabeide,* den Bumba, der Schöpfer, neben vielen anderen Tieren unter großen Bauchschmerzen ausgespien hatte, schuf in den Augen der Bushongo aus dem Kongo alle anderen Insekten. Für einige südamerikanische Eingeborenenstämme war es ebenfalls ein großer *Scarabeide* namens Aksak, der aus Lehm Männer und Frauen formte. Im Schöpfungsmythos der Toba im indonesischen Sumatra rollte ein anderer Blatthornkäfer einen großen Ball Materie vom Himmel herab und schuf daraus gleich die ganze Erde.

Doch nur in Ägypten gab es Monumentalskulpturen in Käfergestalt, nur hier, in Luxor, verzieren Skarabäen als steinernes Relief die Tempelwand. Eine erstaunliche Karriere für einen Dungfresser. Er verdankt sie den Menschen, die in ihm und seiner Lebensweise eine tiefe symbolische Bedeutung zu

Ob ägyptisch, griechisch, etruskisch oder römisch, Scarabaeus-*Darstellungen kennt man aus dem gesamten Mittelmeerraum.*

erkennen glaubten. Offenbar wussten die gelehrten Ägypter von der komplizierten Entwicklung der Käfer. Im Papyrus Ebers aus dem Jahr 1550 vor Christus, einem der ältesten bekannten Schriftstücke überhaupt, wird die Ontogenese des Skarabäus vom Ei über die Larve zum Käfer beschrieben. Dass auch die einfachen Menschen damit vertraut waren, darf man aber wohl bezweifeln.

Auch der Käfersammler und Schriftsteller Ernst Jünger suchte in Gestalt und Tagwerk des Heiligen Pillendrehers nach tieferen Geheimnissen: »Sollte denn auch in der Verwaltung von etwas Kot sein Leben beschlossen sein?«, fragte sich Jünger und verneinte entschieden. »Das kann nicht sein. Schon seine äußere Bildung ist dafür zu reich, zu wunderbar. Und gar der Ernst, mit dem er ans Werk geht, verrät ein Wissen vor jeder Wissenschaft.«

Als er diese Zeilen niederschrieb, fühlte Ernst Jünger »das Glück ganz nahe und ahnte, dass ich, indem ich darüber nachsann, auf gutem Wege war«.

Der Biologe in mir verdreht die Augen. Wovon redet der Mann? Welches »Wissen vor der Wissenschaft« soll ein und speziell dieser Käfer denn besitzen? Dass er und die anderen Dungliebhaber das Weidevieh durch Entsorgung ihrer Ausscheidungen vor übermäßig starkem Parasitenbefall bewahren, ja dass ohne seine Straßenkehrerdienste großer Schaden entstehen könnte? Oder ist das Wissen um seinen Ursprung in ferner Vergangenheit gemeint?

Auch wenn Ernst Jünger vermutlich anderes im Sinn hatte, wie alle Lebewesen verfügen natürlich auch Käfer über einen enormen Wissensschatz. Niedergeschrieben ist er in den schier endlosen Molekülketten ihrer DNA, und wer Ohren hat zu hören und ihre Sprache versteht, dem erzählen sie Geschichten aus längst vergangenen Zeiten. Erst in den letzten Jahrzehnten haben Biologen gelernt, diese Informationen zu entschlüsseln und zu lesen. Insofern stimmt das mit dem »Wissen vor der Wissenschaft«.

Vergleicht man die genetische Information vieler verschiedener heute lebender Blatthornkäfer und Dungkäfer, kann man ihren langen stammesgeschichtlichen Weg bis zu dem Punkt in der fernen Vergangenheit zurückverfolgen, an dem sich ihre Wege trennten und aus wenigen viele wurden. Australische und tschechische Forscher haben das für die *Scarabeiden* und insbesondere die Pillendreher und ihre dungfressende Verwandtschaft getan und sie landeten dabei auf dem Südkontinent Gondwana und mitten in der Kreidezeit des Erdmittelalters. Damals, vor etwa 100 Millionen Jahren, das weiß jedes Kind, wurde die Erde von Echsen beherrscht, von kleinen, großen und von sehr großen.

Die Säugetiere, um deren Hinterlassenschaften sich die Käfer heute kümmern, waren damals nur eichhörnchengroß, fraßen Insekten und anderes Kleingetier und dürften für Kotfresser nicht allzu viel Verwertbares produziert haben. Doch ohne entsprechende Mengen an Dung keine Dungkäfer. Wo also kamen sie her?

Darüber gibt es, wie so oft in der Wissenschaft, zwei konkurrierende Theorien. Die eine – langweiligere – geht, im Gegensatz zu der oben angeführten Studie, von einer parallelen Entwicklung der nach dem Aussterben der Dinosaurier aufblühenden Säugetiere und der ihren Kot verwertenden Käfer in der frühen Erdneuzeit aus.

Die zweite Theorie setzt bereits einige Zehnmillionen Jahre früher an. Ihr zufolge standen bei der Entstehung und späteren Aufspaltung der Dungkäfer keine Geringeren als die Dinosaurier Pate. Heute gibt es nur sehr wenige Dungkäfer, die sich auf die Ausscheidungen von Vögeln und Reptilien spezialisiert haben, doch das scheint im späten Erdmittelalter ganz anders gewesen zu sein. Das Angebot regelte offenbar die Nachfrage und allein die größten Dinosaurier, die langhalsigen Sauropoden, müssen Dung in ungeheuren Mengen produziert haben. Nahrung war also im Überfluss vorhanden, ein Schlaraffenland, man musste nur auf den Geschmack kommen und zulangen.

Auch hier sind wieder zwei Pillendreher bei der Arbeit. Einer der beiden wird sich wohl eine neue Kugel rollen müssen.

Dinosaurier lebten damals allerdings schon seit vielen Millionen Jahren auf der Erde, warum entdeckten die Käfer erst so spät, dass die Ausscheidungen der großen Pflanzenfresser für sie eine wertvolle Nahrungsquelle darstellen könnten?

Auch auf diese Frage scheinen die Forscher eine Antwort gefunden zu haben. Denn genau zu der Zeit, als die vielen neuen Dungkäferarten entstanden, durchlief die globale Vegetation einen dramatischen Veränderungsprozess. Die Blütenpflanzen oder Angiospermen wurden zur dominanten Pflanzengruppe und verdrängten die bis dahin vorherrschenden Nadelgewächse. Diese Veränderung der Pflanzenwelt machte den Vegetariern unter den Dinos bestimmt zu schaffen, wir wissen aber nicht, ob die damit verbundene Ernährungsumstellung auf die nährstoffreicheren und weniger faserigen Blätter der Blütenpflanzen ihnen nur ein Magengrimmen oder ernsthafte Verdauungsprobleme bescherte. Sie hatten diese Gewächse allerdings auch schon verschlungen, als sie noch seltener waren, und da sie trotz veränderter Vegetation nicht ausstarben, sondern erst sehr viel später und aus ganz anderen Gründen, müssen sie diese Phase des Umbruchs einigermaßen unbeschadet überstanden haben – zum Segen der Käfer. Für die war der Dinodung nun in seiner veränderten Beschaffenheit und Zusammensetzung offenbar erst richtig interessant geworden.

Diese Spezialisierung hätte den neu entstandenen Dungkäfern nur ein paar Millionen Jahre später zum Verhängnis werden können. Denn aus dem All raste ein mächtiger Asteroid heran und es kam am Ende der Kreidezeit zum großen Knall. Die Dinosaurier (bis auf die Vögel) und viele andere Tiere und Pflanzen starben aus – und mit ihnen verschwand auch der

Dinodung. Die Käfer aber blieben, was den Schluss zulässt, dass ihnen, falls diese Theorie zutrifft, rechtzeitig der Wechsel hin zu einer anderen Nahrungsquelle gelungen sein muss.

Wer die letzten Seiten nur mit gerümpfter Nase überstanden hat, möge sich klarmachen, um wie viel unappetitlicher das Thema ohne die Dungkäfer wäre. Sie sind es nämlich, die das Schlimmste verhindern. Indem sie den Tierdung in den Boden einarbeiten, führen sie einen erheblichen Teil der Nährstoffe zurück, die Pflanzen und Pflanzenfresser ihm entzogen haben. Außerdem sorgen sie durch ihre Grabtätigkeit für eine bessere Belüftung, verteilen die Pflanzensamen und reduzieren die Belastung durch Parasiten. Wieder einmal gilt die alte Weisheit: Das Leben mit Insekten mag schrecklich sein, ein Leben ohne sie wäre noch viel schrecklicher.

Dem Direktor des Nürnberger Zoos muss man das nicht erklären. Dag Encke ist ein erklärter Fan der Dungkäfer und sucht gerade nach einem Händler, denn 2500 der Straßenkehrer will er im neuen Wüstenhaus ansiedeln. »Es ist ein Wahnsinn, was die Käfer leisten«, schwärmte Encke der *Nürnberger Zeitung* vor. »Ohne sie wäre die Serengeti in wenigen Wochen meterhoch zugeschissen.«

»Wo ein Wiederkäuermagen nichts mehr herauszieht«, schreibt Fabre, »gewinnt dieser mächtige Destillierkolben Reichtümer, die beim Heiligen Pillendreher zu einem ebenholzschwarzen Panzer werden, bei anderen Mistkäfern zu einem Harnisch aus Gold und Rubinen.«

Nur in Australien wollte das nicht gelingen. Meterhoch war die Dungschicht zwar noch nicht, aber zugeschissen war das

Weideland schon. Mitte des 20. Jahrhunderts hatten die dortigen Farmer so große Probleme mit den Fladen ihrer Rinder, dass etwas geschehen musste.

Eigentlich gibt es im Südkontinent eine reiche *Scarabeiden*-Fauna, darunter auch etliche dungfressende Arten. Diese Käfer fühlen sich aber ausschließlich für die Hinterlassenschaften einheimischer Tiere zuständig, mit denen sie sich über Jahrmillionen zusammen entwickelt haben, für den trockenen und faserreichen Dung von Kängurus, Wombats und Koalas. Das, was die immer größeren Viehherden der europäischen Siedler auf den Weiden zurückließen, blieb ungenutzt liegen oder es fand nur die falschen Abnehmer.

Gleich in doppelter Hinsicht entwickelte sich das zu einem Riesenproblem. Jeden Tag bedecken die Ausscheidungen eines einzigen Rindes etwa einen Quadratmeter Weideland, ob auf einer Allgäuer Alm oder im weiten Grasland Australiens. Während es in Europa aber keine hundert Tage dauert, bis dank der Tätigkeit der Käfer und diverser anderer Organismen wieder Gras über einen Fladen wächst, wurde das Land in Down Under auf Jahre hinaus unbrauchbar, weil die großen feuchten Fladen der Rinder zu betonharten Klumpen trockneten, die viele Monate brauchen, um sich aufzulösen und zu verwittern. Nicht nur, dass an diesen Stellen über Monate keine pflanzliche Nahrung für das Vieh nachwachsen kann, auch das Recycling der Nährstoffe wird verzögert und Stickstoff geht an die Atmosphäre verloren. Außerdem meiden die Tiere instinktiv die Nähe ihrer Ausscheidungen, um sich nicht mit Parasiten zu infizieren.

Mit einem halben Dutzend Rindviechern hatte es einmal begonnen, innerhalb von 200 Jahren waren daraus aber mehr als 25 Millionen geworden, die Tag für Tag 30 Millionen Quadratmeter Weideland in eine No-go-Area für ihresgleichen verwandelten. Jahr für Jahr verlor Australien Weideland von der halben Größe Hessens.

Aber das ist noch nicht alles. Was den einheimischen Käfern nicht mundet, ist für die australische Buschfliege *Musca vetustissima* ein Geschenk des Himmels. Sie legt ihre Eier in den frischen weichen Rinderdung, die Maden entwickeln und verpuppen sich darin und schließlich schlüpft eine neue Buschfliegengeneration, die der Wind in Massen in den Südwesten des Landes bläst, eine Landplage, die Mensch und Tier in den Wahnsinn treiben kann. Und leider gibt es nicht nur die Buschfliege. In den Fladen entwickeln sich auch die eingeschleppte Büffelfliege und vier stechende Gnitzenarten. So konnte es nicht weitergehen.

Es war schließlich Dr. George Bornemissza, ein in Ungarn geborener Entomologe, der für ein staatliches Forschungsinstitut arbeitete und in den 1960er-Jahren das CSIRO Dung Beetle Project initiierte, eine Lebensaufgabe, die ihn zwanzig Jahre lang beschäftigen sollte. Aus Hawaii, wo man mit diesen Tieren bereits gute Erfahrungen gemacht hatte, holte er sieben verschiedene Dungkäferarten nach Australien, Tiere, die ursprünglich unter anderem aus Mexiko und Afrika stammten. Die Käfer wurden nach einer Quarantänezeit in der australischen Hauptstadt Canberra gezüchtet und schließlich bei Townsville und in der Nähe von Brisbane im Osten des Kontinents freigesetzt. Bald konnte man erste Erfolge verzeichnen, aber es stellte sich auch heraus, dass man, um das Problem landesweit zu lösen, mit diesen Käferarten nicht auskommen würde. Rinder waren ganzjährig auf der Weide, sie wurden in klimatisch sehr unterschiedlichen Gegenden gehalten, die Käfer aber waren nur zu bestimmten Jahreszeiten aktiv und konnten nicht überall leben.

Bornemissza fuhr nach Afrika, suchte nach weiteren geeigneten Käferarten und wurde fündig. Zwischen 1968 und 1982 wurden in Australien nicht weniger als 55 verschiedene Dungkäferspezies freigelassen, allein 37 im tropischen Norden des Kontinents. Es gab Teilerfolge, aber auch viele Rückschläge, bis dem Dung Beetle Project Mitte der 1980er-Jahre der Geldhahn zugedreht wurde. Aber Bornemisszas Idee lebt. Erst kürzlich hat Australien zwei weitere Dungspezialisten eingeführt, die auf den Weiden im Westen des Riesenlandes für Ordnung sorgen sollen. Obwohl die eingebürgerten Käfer nun gemeinsam ihr Bestes tun und die Lage sich verbessert hat, gelöst haben sie Australiens Rinderdungproblem noch nicht.

Nicht immer, wenn eingeführte neue Pflanzenfresser auf eine einheimische Dungkäferfauna treffen, endet die Geschichte so katastrophal wie in Australien. In Deutschland, zum Beispiel im Oderbruch, leben mittlerweile über 2 000 asiatische Wasserbüffel, ohne dass es zu vergleichbaren Problemen gekommen wäre. Die hiesigen Dungkäfer verwerten die Fladen der exotischen Rinder bislang ohne Schwierigkeiten.

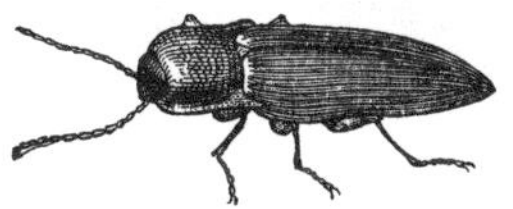

Der Maikäfer und sein Engerling, hier in der Darstellung von Maria Sibylla Merian, 1679.

Zwei Gesichter

Die Tatsache, dass Käfer quer über den Globus in den Mythen ganz unterschiedlicher Völker eine so wichtige Rolle spielen, hat zweifellos mit ihrem Lebenszyklus zu tun, der den Menschen lange Zeit ziemlich rätselhaft erschien.

Es ist seltsam: Wenn wir von Käfern sprechen, meinen wir natürlich das chitingepanzerte, sechsbeinige und fortpflanzungsfähige Vollinsekt, das in der Regel nur wenige Wochen oder Monate lebt. Und wir vergessen dabei völlig, dass diese Tiere viel länger, oft jahrelang, eine ganz andere Gestalt besitzen, ohne jede Farbenpracht und Metallglanz, die uns sehr viel weniger gefällt und die kaum ein Sammlerherz höherschlagen lässt: die Larve. Sie kann sehr unterschiedliche Gestalten annehmen. Das Spektrum reicht vom gefräßigen Räuber, wie bei einigen Wasserkäfern, bis zum behäbigen Riesenwurm. Zu letzterem Typ gehören die als Engerlinge bezeichneten Larven der *Scarabeiden*-Verwandtschaft, die bei Mai- oder Nashornkäfer immerhin das Format eines kleinen Fingers erreichen. Die in Totholz lebende Larve des tropischen Goliathkäfers wird aber bis zu 15 Zentimeter lang und kann 110 Gramm auf die Waage bringen, das schwerste Insekt der Welt, so groß wie eine Bratwurst – und dieser Vergleich ist gar nicht abwegig. Das Jugendstadium des Goliathkäfers wird – wie andere Insektenlarven auch – von den Menschen in seiner afrikanischen Heimat als Lieferant von Proteinen und Fetten gern verzehrt.

Uns Europäern dreht sich bei dieser Vorstellung vielleicht der Magen um, dabei konnte man noch im späten 19. Jahrhundert in den besten französischen Restaurants eine Maikäferbouillon bestellen. Bernhard Klausnitzer, ein profunder Kenner der Käfer und ihrer Larven, führt ein altes Rezept an, nach dem ein Pfund Maikäfer, ohne Flügeldecken und Beine, in Butter knusprig geröstet und dann mit Hühnerbrühe abgelöscht werden sollen. Dazu kommt ein wenig Kalbsleber, frischer Schnittlauch und geröstete Semmelschnitten – fertig ist die Käfersuppe. Sie galt als nervenstärkend. Für Maria Sibylla Merian waren in Surinam an Holzspießen geröstete, mit Muskat und Pfeffer gewürzte Käferlarven eine »sehr delikate Speise«.

Larve und Imago, das fertig ausgebildete Insekt, sind zwei Seiten einer Medaille, zwei Gesichter, zwei Gestalten des gleichen Lebewesens. Zwischengeschaltet ist die Puppe, ein Stadium, das es nur bei den Insekten mit vollständiger Metamorphose gibt, den Holometabolen. Beim Goliath- und beim viel kleineren Maikäfer dauert die Puppenruhe etwa vier bis sechs Wochen.

Die Puppe erscheint äußerlich leblos, doch im Inneren geht eine drastische Gestaltveränderung vonstatten, eine der erstaunlichsten und geheimnisvollsten Metamorphosen im Tierreich. Das alte Innenleben der Larve wird praktisch völlig aufgelöst und verflüssigt, und ausgehend von ein paar speziellen Zellen beginnt ein kompletter Neuaufbau. Schließlich schlüpft ein Wesen, das nicht nur völlig anders aussieht als die Larve, es nimmt oft auch andere Nahrung zu sich und lebt in einer anderen Umwelt, wo der Zyklus mit Partnersuche, Paarung und Eiablage von Neuem beginnt. Um sich keine Konkurrenz zu machen, gehen sich Jung und Alt bei den Käfern meist aus dem Weg. Wer sich über diesen Lebenslauf nicht wundert, hat zu staunen verlernt.

Immer wieder werde ich mit der Frage konfrontiert, ob die Zahl der Punkte auf den Flügeldecken der Marienkäfer deren Alter angebe, ein Gerücht, das sich offenbar hartnäckig hält und einen Insektenkundler einigermaßen fassungslos zurücklässt. Denn die Zahl der Punkte ist ein Artmerkmal wie die Streifen der Zebras oder das Fleckenmuster der Giraffen. Wie die Färbung insgesamt unterliegt dieses Muster natürlich einer gewissen Variabilität, die so weit geht, dass es innerhalb einer Art schwarze Käfer mit roten und rote Käfer mit schwarzen Punkten gibt. Es ist aber in keinem Fall so, dass die Tiere in ihrem ersten Lebensjahr einen, im zweiten zwei und im dritten drei Punkte aufweisen würden. Nein, der Zweipunkt-Marienkäfer besitzt zwei und der Siebenpunkt-Marienkäfer sieben Punkte, basta, egal, wie alt sie sind. Ganz davon abgesehen, dass die meisten Käfer nur wenige Wochen und Monate leben und kaum je ein zweites oder gar siebentes Lebensjahr erreichen, schlüpfen die Käferimagines bereits in ihrer endgültigen Gestalt und Färbung aus der Puppe.

Auch ihre Größe ist ein für alle Mal festgelegt. Die Imagines können nicht wachsen, das lässt ihr starrer Chitinpanzer gar nicht zu. Ansonsten müssten sie sich ab und an eine neue Rüstung zulegen, die mehr Platz bietet, sie müssten sich häuten wie Spinnentiere und Krebse, die anderen beiden großen Gliedertiergruppen. Aber das tun Insekten nicht mehr, wenn sie einmal geschlechtsreif geworden sind. Wie groß ein Käfer wird,

Aus einer der Monatlich herausgegebenen Insecten-Belustigungen *von August Johann Rösel von Rosenhof, erstmals erschienen im*

Jahr 1740, stammen diese europäischen Hirschkäfer (Lucanus servus), *samt Larve, Puppe und Puppenwiege.*

hängt nicht davon ab, wie viel er selbst frisst, sondern wie viel sein jugendliches Alter Ego zu sich nehmen konnte, die Larve, die sich bei enormem Gewichts- und Größenzuwachs mehrfach häuten muss. Ihr Daseinszweck besteht darin, so viel wie möglich zu fressen und zu wachsen, und sie tut das in vielen Fällen im Verborgenen, im Boden, in der Bodenstreu oder im Holz. Deswegen kennen die meisten Menschen von vielen Käfern nur die Imagines und haben die dazugehörige Larve oder gar die Puppe noch nie gesehen. Und selbst wenn die Jugendstadien und die fertig ausgebildeten Käfer bekannt waren, mussten sie erst einmal korrekt zueinander in Beziehung gesetzt werden. Wenn nicht durch intensive Beobachtung, gelingt das nur durch Zucht. Äußerlich gibt es kaum Gemeinsamkeiten.

So ging es den Menschen über Jahrhunderte. Sie verstanden nicht, was da vor sich geht. Die Larve starb irgendwann, jedenfalls verwandelte sie sich in ein Gebilde, das offensichtlich leblos war, die Puppe. Sie blieb über Wochen bewegungslos, nahm keinerlei Nahrung zu sich, ja besaß noch nicht einmal eine Mundöffnung, aber sie verrottete auch nicht.

Und dann platzte dieses Ding plötzlich auf und etwas ganz anderes, nicht selten Wunderschönes, erblickte das Licht der Welt, ein Käfer oder ein Schmetterling, ein Wesen, das vollkommen neue Organe und Fähigkeiten besaß. Die Tiere waren nun mit Flügeln ausgestattet und konnten fliegen. Und anders als die Larven blickten sie mit großen Komplexaugen in die Welt. Kein Wunder, dass diese Vorgänge zu Vorstellungen von Wiedergeburt und einem Leben nach dem Tod in Beziehung gesetzt wurden. Oder waren sie sogar deren Ausgangspunkt, wie der kalifornische Entomologe Charles Hogue glaubte, 1975

Verfasser eines Aufsatzes mit dem Titel *The Insects in Human Symbolism*?

In jedem Fall, das zeigten diese Käfer und Insekten den Menschen, musste der Tod nicht zwangsläufig das Ende bedeuten. Vielleicht war der Leichnam ja wie die Puppe nur ein vorübergehendes Behältnis, ein Schutzraum sozusagen, ein Kokon, in dem ein tiefgreifender Transformationsprozess ablief und aus dem die Menschen in einer anderen Welt und in neuer Gestalt wiedergeboren werden konnten. Indem sie Leichen mumifizierten, vermutet der Pariser Dungkäferforscher Yves Cambefort, versuchten die Menschen, den Prozess der Verpuppung nachzuahmen und so die Voraussetzungen für eine Wiedergeburt zu verbessern. In der aufgeschnittenen Dungkugel des Skarabäus glaubte der Franzose sogar den Querschnitt der Pyramiden wiedererkannt zu haben.

Zweifellos gehört das Rollverhalten der Pillendreher zu den bemerkenswertesten Verhaltensweisen im Tierreich. Es fasziniert die Menschen seit Jahrtausenden und es inspirierte Gerhard Scholtz, Zoologe an der Berliner Humboldt-Universität, zu einer geradezu verwegenen Theorie: Weil sie die Pillendreher dabei beobachteten, wie sie ihre Kugeln ohne Mühe über den Boden rollten, hätten die Menschen das Rad erfunden.

Was man zunächst für verschrobenen Größenwahn eines Käferverrückten halten könnte, hat bei näherer Betrachtung einiges für sich. Obwohl es mittlerweile auch entsprechende Funde aus Europa und dem Kaukasus gibt, spricht viel dafür, dass das Rad im Mittleren Osten um 3500 vor Christus von den Sumerern erfunden wurde, in einem Gebiet also, in dem auch Dungkäfer wie der Skarabäus leben. Dass die Menschen von diesen bemerkenswerten Tieren Notiz nahmen, steht außer Frage, man muss nur an das nahe Ägypten denken.

Entscheidend für die Argumentation von Gerhard Scholtz ist die Tatsache, dass im Mittleren Osten um 8000 vor Christus auch die Domestizierung von Weidevieh begann und zu dem fraglichen Zeitraum also schon seit Jahrtausenden praktiziert wurde, zumeist in unmittelbarer Nähe der Menschen. Größere Ansammlungen oder Herden von Schafen und Ziegen erzeugen aber auch entsprechende Dungmengen, die wiederum die ›Straßenkehrer‹ anziehen. Man kann also davon ausgehen, dass Pillendreher nicht nur für Hirten, sondern für viele Menschen ein alltäglicher Anblick waren. Bis es dann vielleicht irgendwann zu der entscheidenden Eingebung kam.

Auch in Amerika gab es zu dieser Zeit pillendrehende Käfer und Menschen, aber Räder waren dort nicht in Gebrauch – warum? Weil es keine großen domestizierten Huftiere gab, sagt Gerhard Scholz. Weil die Dungmassen der Nutztierherden fehlten. Pillendreher waren auf die Ausscheidungen der Wildtiere angewiesen und deshalb für die Menschen ein eher seltener Anblick.

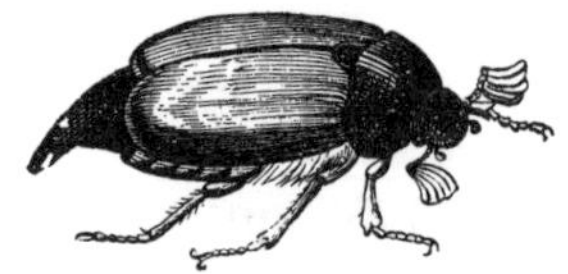

Mr. Hyde

Mit ihren Larven begegnet uns nun auch eine ganz andere, dunkle Seite der Käferwelt, die bisher weitgehend unerwähnt geblieben ist. Denn meist sind sie es, die Jugendstadien mit ihrem schier unersättlichen Appetit, die aus Sicht der Menschen immense, ja existenzbedrohende Schäden verursachen können, selten die Imagines. Mitunter kann der fertige Käfer für Unkundige ein Sympathieträger und die dazugehörige Larve ein gefürchteter Schädling sein, Dr. Jekyll und Mr. Hyde in Insektengestalt. Zum Beispiel der Maikäfer. Als der liebe Herr Sumsemann fliegt er in *Peterchens Mondfahrt* zwei Kinder auf den Erdtrabanten, um mit ihrer Hilfe sein verlorenes sechstes Bein zu finden. In der Realität sorgen seine wurzelfressenden Larven, die Engerlinge, alle paar Jahre für Probleme in Land- und Forstwirtschaft.

Einzeltiere können auch bei größtem Appetit keinen nennenswerten Schaden anrichten, deshalb gehen Schadereignisse immer mit einem Massenvorkommen einher und in großen Zahlen wird selbst ein Glücksbringer zur Plage. Ich erinnere mich gut, dass in den 1970er-Jahren einmal Unmengen von Marienkäfern auftraten. Ich hatte von der Invasion gehört, aber mich dann auf dem Weg nach Norwegen an der Ostsee mitten im Geschehen wiederzufinden, war etwas vollkommen anderes. Der Spülsaum des Meeres war rot von Käferleichen. Auch in den Dünen wimmelte es von rotgepunkteten Glücksbringern.

Coverillustration von Hans Baluschek für Gerdt von Bassewitz' Kindermärchen Peterchens Mondfahrt, *hier aus dem Jahr 1928.*

Viele konnten sich kaum noch bewegen, während andere umso agiler waren. An das geplante Picknick war nicht zu denken.

Marienkäfer überwintern häufig in großen Ansammlungen. In der amerikanischen Sierra Nevada kommen manchmal Millionen von Käfern zusammen und verharren dort dicht aneinandergedrängt für mehrere Wochen. Menschen rücken dann mit Schneeschaufeln und Netzen an, um die Blattlausfresser einzusammeln und als lebendes Pflanzenschutzmittel an Farmer zu verkaufen.

Doch um Überwinterung ging es damals an der Ostsee nicht. Es war Hochsommer. Warum viele Marienkäferarten mitunter riesige Schwärme bilden und kollektiv auf Wanderschaft gehen, ist bisher nicht wirklich bekannt. Eine gewisse Rastlosigkeit scheint zu ihrem Wesen zu gehören, man hat die Tiere schon unter besten Bedingungen fortfliegen sehen. Sicher ist Nahrungsmangel aber ein entscheidender Faktor. In guten Blattlausjahren vermehren sich auch die Marienkäfer, ihre Gegenspieler, und dann kann es passieren, dass irgendwann eine ganze Käfergeneration aus der Puppenruhe erwacht und nicht mehr genügend Beutetiere vorfindet, weil diese schon von ihren Vorgängern verzehrt wurden. In einer solchen Situation hilft nur noch die Migration. Bei uns treten solche Schwärme meist in Küstennähe auf.

Auch 1989 landete ein Riesenschwarm Siebenpunkt-Marienkäfer an der deutschen Ostseeküste. Wahrscheinlich kam er aus Dänemark. Man zählte über Tausend Käfer pro Quadratmeter, insgesamt wurde der Schwarm auf fast 80 Millionen Tiere geschätzt. Eigentlich sind Marienkäfer gute Flieger, ein kilometerlanger Flug über das Meer ist aber gefährlich, denn in der Luft und bei frischer Seebrise verwandeln sich die Tiere in eine Art Luftplankton, das den Winden nichts entgegenzusetzen hat und mehr oder weniger passiv verdriftet wird. Nicht selten findet ein solcher Schwarm dann sein Ende in den Wellen auf hoher See.

Oder er rettet sich an eine Küste, wo für Marienkäfer allerdings auch nicht viel zu holen ist. Wenn man, wie wir damals, als argloser Küstenbesucher in eine solche Massenansammlung gerät, hat man keine ruhige Minute. Vom langen Flug ausgehungert und durstig, zwicken die Tiere in ihrer Not auch in die Haut der Menschen. Wir starrten sie ungläubig an und brauchten einen Moment, um zu begreifen, dass es wirklich die Marienkäfer waren, die uns bissen. Wer rechnet bei sonst harmlosen, ja liebenswerten Tierchen schon mit einem derart dreisten Verhalten? Als der Groschen endlich gefallen war, packten wir rasch unsere Sachen und ergriffen die Flucht.

Die wirklichen Schädlinge sind natürlich nicht unter den Marienkäfern, sondern im Riesenheer der pflanzenfressenden Käfer zu finden. Wobei allerdings zu bedenken ist, dass unsere Lebens- und Wirtschaftsweise an den mitunter katastrophalen Folgen massenhaften Schädlingsbefalls nicht ganz unschuldig sind. Wer natürliche Lebensgemeinschaften durch riesige Monokulturen ersetzt und tonnenweise Nahrungsmittel und Pflanzenprodukte bunkert, schafft damit auch für andere Interessenten ein schier unwiderstehliches Schlaraffenland. Wir haben uns unsere wichtigsten Nahrungskonkurrenten selbst herangezogen und müssen sie nun mit großem Aufwand bekämpfen.

Das »Illustrirte Familienblatt« Die Gartenlaube *präsentierte ihren Lesern 1879 dieses massenhafte Auffliegen von Maikäfern.*

Wie eine solche Schädlingskarriere verlaufen kann, ist beispielhaft am Aufstieg des Kartoffelkäfers zu studieren. Noch im frühen 19. Jahrhundert lebte dieses Tierchen ausschließlich und unauffällig an den östlichen Hängen der Rocky Mountains. Der sogenannte *Colorado Beetle* knabberte dort am Stachel-Nachtschatten (*Solanum rostratum*), einer, wie der Name schon sagt, ziemlich piksigen Pflanze, die auch als Büffelklette bekannt ist. Anfang der 1820er-Jahre wurde die Käferart erstmals gesammelt und 1824 von dem amerikanischen Insektenkundler Thomas Say wissenschaftlich beschrieben. Von Naturforschern wie Say abgesehen, dürften damals aber nur wenige Menschen von dem hübschen gelb-braun gestreiften Tier Notiz genommen haben. Bis Siedler in diese Gegend kamen, den Boden pflügten und dort, direkt im Lebensraum des Käfers, ein anderes, der Büffelklette nah verwandtes Nachtschattengewächs zu kultivieren begannen: *Solanum tuberosum*, die aus dem Andenhochland Südamerikas stammende Kartoffel. Mit Menschenhilfe schossen plötzlich auf immer größeren Flächen fast reine Bestände dieser Pflanze aus dem Boden, ein Angebot, dem die Käfer auf Dauer nicht widerstehen konnten. Sie probierten das fremde Gewächs und mochten fortan von der Büffelklette nichts mehr wissen.

Wie lange es dauerte, bis der *Colorado Beetle* auf den Geschmack kam und sich seinen neuen Namen Kartoffelkäfer verdiente, wissen wir nicht. Vermutlich ein paar Jahre. Schon 1859 wurde er jedenfalls im Nachbarstaat Nebraska erstmals als Schädling auf Kartoffelfeldern auffällig und rasch breiteten sich die Tiere weiter nach Osten aus. 1874 erreichten sie die Ostküste, und obwohl Experten die Europäer gewarnt und ei-

Kartoffelkäfer waren gefürchtet und wurden massiv bekämpft. Alle waren zur Mithilfe aufgefordert.

nige Länder daraufhin die Einfuhr amerikanischer Kartoffeln verboten hatten, wurden nur drei Jahre später im Hafen von Liverpool die ersten Tiere auf europäischem Boden entdeckt. Der Kartoffelkäfer eroberte die Alte Welt.

Vor den Mandibeln genannten Kieferzangen pflanzenfressender Käfer ist fast keine Vegetabilie sicher, ob Blätter, Wurzeln oder Früchte lebender Gewächse oder pflanzliche Produkte in Lagerhäusern, Speisekammern und Vorratsschränken. Von den Backobstkäfern über die Brot-, Mehl- und Maiskäfer, die Kornbohrer, die Reismehlkäfer bis zu den Getreideplatt-, den Getreidesaft- und den Getreideschimmelkäfern – die Liste ließe sich endlos fortsetzen. Viele Käfer interessieren sich auch für tierische Produkte: Speckkäfer, Teppichkäfer, Pelzkäfer. Käfer bohren sich durch Holz, Kork, Leder, Styropor und Mörtel, sie fressen Federn, Haare, Felle und Pappe. Kurz: Die Geschichte der Vorratshaltung und Landwirtschaft ist eine lange Geschichte des Kampfes Mensch gegen Käfer – wobei unter den Insekten natürlich noch andere Übeltäter zu nennen wären. Unsere Widersacher sind allesamt klein bis winzig und fast ausnahmslos braun oder schwarz und kein privater Käferfan, weder ein Frey noch ein Jünger, hat sich je herabgelassen, sie zu sammeln. Das ist eine so entbehrungsreiche Tätigkeit, dass sie allein den Profis vorbehalten bleibt.

Zum Beispiel Stephen L. Wood, Entomologe an der Brigham Young University im US-Bundesstaat Utah, für den sein Name offenbar Verpflichtung war. Wood hatten es vor allem die Käfer angetan, die es mit den Goliaths unter den heute lebenden Organismen aufnehmen, den Bäumen. Wenn man die Dimensionen bedenkt, sind Bäume sogar eines der bevorzugten Ziele von Käferangriffen. Stattliche Nashornkäfer machen sich über Ölpalmen her und die Palmen rund ums Mittelmeer werden von ostasiatischen Rüsselkäfern attackiert, in Mallorca drohte sogar der Kahlschlag.

Woods Interesse galt jedoch nicht den relativ großen Palmenschädlingen, sondern, nach einem einschlägigen Erlebnis in Nevada, wesentlich kleineren Verwandten. Damals, 1939, hatte er als 14-Jähriger im Lehman Creek Canyon mit dem Taschenmesser seinen ersten Borkenkäfer aus dem Holz eines Nadelbaumes gepult. »Die Anziehungskraft wirkte sofort und permanent«, schrieb er später. Wood wurde zu einer Koryphäe, die von Wissenschaftlern aus der ganzen Welt konsultiert wurde. Wenn irgendwo ein bis dato unbekannter Käfer für Probleme im Wald sorgte, klingelte bei ihm das Telefon. Als er 2009 im Alter von 84 Jahren starb, hinterließ er dem National Museum of Natural History 181 Kästen mit 80 000 Borkenkäfern.

Sie sind kaum größer als ein Reiskorn, haben im Ökosystem Wald aber trotzdem eine wichtige Aufgabe. Borkenkäfer beseitigen Totholz und befallen und töten vor allem alte, vorgeschädigte Baumriesen, sodass wieder Licht durch das Blätterdach fällt und junge Bäume nachwachsen können. Außerdem: Gesunde Bäume können sich wehren. Sie sondern Harz ab, verschließen damit die Bohrgänge und verkleben die Angreifer.

Wenn der Mensch aber riesige Waldflächen mit nur einer einzigen Baumart bestückt und den Bäumen dazu noch jahrelange Trockenheit und Hitze zu schaffen machen, wenn der Frühling immer früher und der Winter immer später einsetzt und Sturmschäden nicht mehr rechtzeitig beseitigt werden

Durch das Anlegen von Gängen und Larvenkammern hinterlassen Borkenkäfer unter der Baumrinde ein charakteristisches Fraßbild.

können, sodass große Mengen an Totholz als Brutstätte dienen, dann kann die Zahl der Käfer explodieren und die Abwehr der gestressten Bäume bricht zusammen. Hohe Temperaturen und Trockenheit sind für Borkenkäfer optimal, sodass sie drei Generationen im Jahr durchlaufen können. Ein einziges Weibchen erzeugt unter diesen Umständen bis zu 100 000 Nachkommen. Zweihundert Käfer reichen aber aus, um einen Baum zu zerstören. Die Käfer bohren sich durch die Rinde ins Bastgewebe und unterbrechen den Wasser- und Stofftransport, die Nadeln verfärben sich und rieseln schließlich zu Boden. Zurück bleibt ein Baumgerippe. Und eine Pheromonwolke der Käfer, die weitere Borkenkäfer herbeilockt.

So war in Deutschland schon 2017 ein gutes Jahr für Borkenkäfer. Vor allem die Fichte hatte zu kämpfen. Allein in Bayern fielen 3,5 Millionen Festmeter Schadholz an, der wirtschaftliche Schaden belief sich auf 100 Millionen Euro. Und 2018 drohte es noch schlimmer zu werden. Das alles führt zu einem regelrechten ›Holzstau‹, weil die Transportkapazitäten nicht reichen, um all das Käferholz aus dem Wald zu schaffen.

Nur im Nationalpark Bayerischer Wald bleibt man gelassen. Hier wird der Käfer nicht bekämpft, man lässt ihn gewähren, ja profitiert sogar vom vielen Totholz, weil es Arten wie dem Dreizehenspecht eine Existenzmöglichkeit bietet. Dort, wo die Käfer die alten Fichten zum Absterben bringen, wachsen neue, dazu gedeihen junge Buchen und Tannen. Der Wald verjüngt sich und erfährt von ganz allein den Umbau, der in Zeiten des Klimawandels überall erforderlich ist, hin zu einem artenreicheren und robusteren Mischwald.

In Nordamerika, das ebenfalls unter einer langen Dürreperiode leidet, treten seit den 1980er-Jahren von Alaska über British Columbia bis New Mexico riesige Borkenkäferschwärme auf, die auf den Radarschirmen der Flughäfen aussehen wie Gewitterfronten. Was diese nur wenige Millimeter messenden Käfer anrichten, sprengt jede Vorstellungskraft. Und entsprechend reagieren die Menschen, die Zeuge und Leidtragende eines massiven Borkenkäferüberfalls werden: fassungslos, mit Tränen in den Augen.

»Es hat uns allen das Herz gebrochen«, erzählte Ed Berg, der in Alaska 95 Prozent seiner Bäume verlor, darunter majestätische Sitkafichten, die 270 Jahre alt und fast fünfzig Meter hoch waren. »Du konntest ein leises Knirschen hören, als sie sich durch die Rinde bohrten. Das war eine Erfahrung, die einem den Magen umgedreht hat.« Nur zwei Jahre dauerte es, bis die Borkenkäfer Bergs Heimat und die Existenzgrundlage vieler dort lebender Menschen in einen Friedhof aus grauem, kahlem Stangengehölz verwandelt hatten.

Dic Schäden haben längst apokalyptische Ausmaße erreicht. In New Mexico wurden über dreitausend Quadratkilometer befallen, Millionen von Bäumen starben. Noch schlimmer wütete weiter nördlich der Bergkiefernkäfer (*Dendroctonus ponderosae*), zusammen mit einem nahen Verwandten. Bis 2010 fielen den Borkenkäfern mehr als 30 Milliarden Bäume zum Opfer, und in dem vergeblichen Versuch, die Schäden zu begrenzen, fällte die Holzindustrie noch einmal genauso viele. »Katrina des Westens« nannten es manche, in Anspielung auf den Hurrikan, der im Jahr 2005 New Orleans verwüstete, im nördlichsten Bundesstaat sprachen die Menschen von »Alaskas Tsunami«. Andrew Nikiforuk, ein kanadischer Journalist, der Hintergründe und Chronologie der Katastrophe in seinem Buch *Empire of the Beetle* minutiös recherchierte, schrieb: »Es könnte das größte registrierte Waldsterben seit der Entwaldung Nordeuropas zwischen dem 11. und 13. Jahrhundert durch arbeitsame Bauern gewesen sein.«

Eine aktuelle Studie belegt, dass die Wälder ganz Nordamerikas geschädigt sind, nicht nur im Westen, sondern auch im dicht besiedelten Osten des Kontinents. In ihrer gegenwärtigen Struktur und Artenzusammensetzung können sie dem Tempo der Veränderung offenbar nicht folgen. Die Borkenkäfer sind dabei nur ein Symptom. Die Krankheit heißt Klimawandel.

Was wollen uns diese Zeichen der Käfer wohl sagen?

Die Sprache der Käfer

Gestalt und Anatomie von Käfern sind uns wohlbekannt. Wir wissen viel – wenn auch noch lange nicht genug – über ihre Rollen im Naturhaushalt, über ihre Lebensweisen und Überlebensstrategien. Aber sie sind und bleiben uns unendlich fremd. Werden wir ihre Natur jemals begreifen können? Werden wir je erfahren, was und ob etwas in ihnen vorgeht?

Zhu Yingchun, mehrfach preisgekrönter Direktor des Forschungszentrums für Buchkultur der Nanjing Normal University in China, ist einen sehr ungewöhnlichen Weg gegangen, um mehr über diese Tiere zu erfahren. Das Ergebnis seiner fünf Jahre dauernden Suche präsentierte er in dem Buch *The Language of Bugs,* sicher eines der ungewöhnlichsten Werke, die je gedruckt wurden. 2017 während der Buchmesse in Frankfurt vorgestellt, stieß es bei den Besuchern auf großes Interesse und wurde in der Kategorie ›Das schönste Buch der Welt‹ mit einer Silbermedaille ausgezeichnet.

The Language of Bugs enthält kein einziges von Menschen verfasstes Wort. Es ist einzig und allein in der Sprache beziehungsweise Schrift von Insekten geschrieben, vor allem in der von Käfern. Zhu Yingchun, der seine Zeit nach eigener Auskunft am liebsten nichts tuend, schweigend, lauschend und beobachtend an einem Fluss verbringt, fand die sechsbeinigen Autoren vor der Haustür, in seinem frisch angelegten Garten.

Nach vielen Stunden des Beobachtens gewann er den Eindruck, dass die dort lebenden Käfer und Insekten ihm etwas mitzuteilen hatten, und er kam schließlich auf die Idee, zahlreiche kleine Tintenfässchen auszulegen, die er mit einer von ihm selbst entwickelten pflanzlichen Tinte füllte, um die zarten Tiere nicht zu vergiften. Seine Hoffnung war, dass sie durch die Tinte laufen und danach auf den Blättern sichtbare Spuren hinterlassen würden. Und tatsächlich: Sie taten ihm den Gefallen. Für Zhu Yingchun waren es Schriftzeichen, die sich von Art zu Art und von Tageszeit zu Tageszeit unterschieden, und sie waren so zahlreich und so vielgestaltig, dass sie schließlich ein ganzes Buch füllten. Er reihte sie linear aneinander und schuf so ein Schriftbild, das sehr filigran und sehr fremdartig aussieht, genauso wie viele der kleinen Autoren auch.

Doch was wollen uns diese Käferworte und -sätze sagen? Dazu ist von Zhu Yingchun nichts zu erfahren. Wir sollen die Zeichen auf uns wirken lassen, sollen ihren verschlungenen Linien folgen und staunen. »Wir können so viel von Insekten lernen«, sagte er dem Design-Magazin *Red Dot 21*. »Ich habe während der gesamten Zeit feststellen müssen, dass Insekten sogar Mathe können und ganz besonders Kalligrafie.«

Der Berliner *Tagesspiegel* fand das offenbar unbefriedigend und legte *The Language of Bugs* einer Grafologin vor. Die Schrift sei ästhetisch ansprechend, wenn auch extrem eigenwillig, sagte die Schriftexpertin. »Offensichtlich ist es dem Schreiber wichtiger, sich selbst auszudrücken, als verstanden zu werden. Überwiegend introvertiert, kreist er auffallend um sich selbst.« Besonnen sei er und im Elementaren verwurzelt, geistige Höhenflüge seien nicht sein Ding. Problematisch seien

Stimmungsschwankungen und »eine gewisse nervöse Störbarkeit«.

Das ergibt Sinn. Die kleinen Sechsbeiner müssen eben immer auf der Hut sein. Ihr Leben ist kurz und überall lauern spitze Zähne, Schnäbel, Spinnennetze und die Kieferzangen der eigenen Verwandtschaft, für Kontemplation und Tiefsinniges bleibt da keine Zeit. Vielleicht entsteht der Eindruck der Nervosität auch nur durch die Fliegen und Wanzen, deren Zeichenspuren unter die der Käfer gemischt ebenfalls im Buch vertreten sind. Koleopteren sind ja eigentlich die Ruhe selbst.

Im Beruf sei der Schreiber emsig tätig, fährt die Grafologin fort, aber nicht stark belastbar. Kein Wunder – was will man von den Winzlingen denn noch erwarten. Positiv hebt sie die Sanftmut des Verfassers hervor. »Die sozialen Fähigkeiten sind allerdings nur schwach ausgeprägt. Echte Kontaktfreude ist nicht zu erkennen.«

Das ist doch eine unmissverständliche Botschaft. Und nachvollziehbar ist sie auch, wenn man bedenkt, was wir ihnen so alles angetan haben und noch immer antun. Egal, ob wir sie nun abgöttisch lieben oder hassen, meist läuft es für die Käfer aufs Töten hinaus. Also zeigen sie uns die kalte Schulter und geben nichts von sich preis. Was die mehrheitlich von Käfern verfassten Zeilen uns sagen sollen, ist: »Ihr wollt Kontakt mit uns aufnehmen? Kein Interesse! Lasst uns doch bitte einfach in Ruhe! Lasst uns unser kurzes Leben leben und sein, wie wir sind.«

Kartoffelkäfer
Leptinotarsa decemlineata

Colorado Potato Beetle

Doryphore (de la pomme de terre)

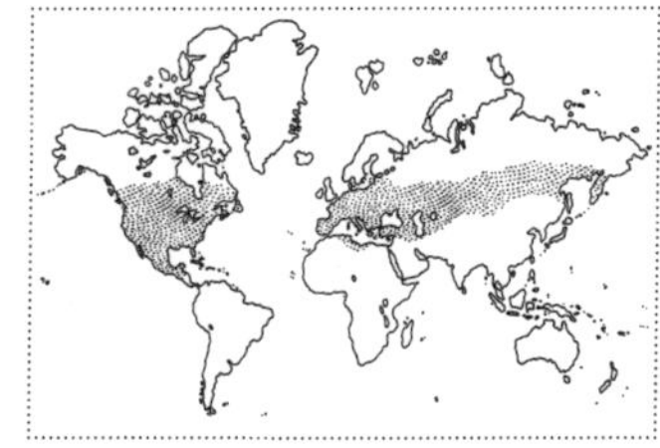

Der Käferschädling schlechthin. Aus Nordamerika kommend, brauchte er in der ersten Hälfte des 20. Jahrhunderts nur dreißig Jahre, um beinahe ganz Zentraleuropa zu besiedeln. Weil hiesige Kartoffelkäfer nur geringe genetische Unterschiede aufweisen, vermuten die Forscher, dass sie die Nachkommen eines einzigen Invasionsereignisses sind. Mit einer Geschwindigkeit von 150 Kilometern pro Jahr breiten sie sich noch immer nach Norden und Osten aus und haben so bereits China erreicht. Mittlerweile haben sie auch andere Nachtschattengewächse wie Auberginen und Tomaten als Nahrungsquelle entdeckt.

Ein einziges Weibchen kann mehr als 3000 Eier legen. Die Schädlinge werden zwar mit verschiedenen Insektiziden bekämpft, gegen einige haben sie aber schon Resistenzen entwickelt. Früher wurden Schüler und Arbeitslose zum Käfersammeln auf die Felder geschickt. »Sei ein Kämpfer, sei kein Schläfer, acht' auf den Kartoffelkäfer!«, hieß es 1935 in einer Fibel des Kartoffelkäfer-Abwehrdienstes. Wurde ein Befall nicht rechtzeitig entdeckt, drohten schwere Ernteeinbußen.

Im Zweiten Weltkrieg beschuldigten die Kriegsparteien sich gegenseitig, Kartoffelkäfer als biologische Waffe einzusetzen. Belege gibt es dafür nicht. Die Behauptung der DDR, der Westen würde die sogenannten Ami-Käfer aus der Luft abwerfen, war eine Propagandalüge, auf die seinerzeit sogar Bertold Brecht hereinfiel.

»Die Amiflieger fliegen«, dichtete er, »silbrig im Himmelszelt Kartoffelkäfer liegen / in deutschem Feld.«

10 mm

Goldlaufkäfer
Carabus auratus

Golden ground beetle
Carabe doré

Der Goldlaufkäfer oder Goldschmied ist eine Art der Agrarlandschaft und Waldränder vor allem in der Südhälfte Deutschlands. Mit den goldgrün glänzenden Flügeldecken und einer Länge bis zu 30 Millimetern gehört er zu den auffälligsten Erscheinungen unserer Insektenwelt.

Wie die meisten Laufkäfer ist *Carabus auratus* ein agiles Raubtier, das sich seine Beute auf der Bodenoberfläche sucht. Dazu gehören Schnecken, Regenwürmer und andere Kleintiere, die er mit seinen kräftigen Kieferzangen überwältigen kann. Da er häufig in Ackerflächen zu finden ist, gehört der Goldlaufkäfer zu unseren natürlichen Verbündeten im Kampf gegen Schädlinge.

Seine Flugfähigkeit hat er, wie viele andere Arten der Großlaufkäfer (Gattung *Carabus*), verloren. Mit seinem schlanken Körper und den kräftigen Beinen hat er sich ganz aufs Bodenleben verlegt und kann dort auch größere Strecken zurücklegen. Die Eier werden in den Boden abgelegt. Auch die Larven leben räuberisch, sind aber im Gegensatz zu den tagaktiven Käfern in der Abend- und Morgendämmerung auf Nahrungssuche.

Die Laufkäfer gehören mit mehr als 40 000 Spezies zu den artenreichsten Käferfamilien mit weltweiter Verbreitung. Gerade die großen Arten sind beliebte Sammlerobjekte. Alle einheimischen Großlaufkäfer stehen aber unter Naturschutz. Der in Wäldern lebende schwarze Lederlaufkäfer *Carabus coriaceus* erreicht vier Zentimeter Länge und ist damit eine der größten Arten der Mitteleuropäischen Käferfauna.

20 mm

Harlekinbock
Acrocinus longimanus

Harlequin beetle

Arlequin de Cayenne

Gelegentlich gelangt dieser spektakuläre Bockkäfer oder seine Larve mit Tropenholzimporten auch nach Europa. Das dürfte jedes Mal für Aufregung sorgen, schließlich misst der Harlekinbock fast acht Zentimeter, ohne die langen Vorderbeine, die bei den Männchen den Körper noch um fast das Doppelte übertreffen können. Das dritte Larvenstadium hat mit 13 Zentimeter Länge die Ausmaße einer Bratwurst.

Zu Hause ist der Harlekinbock in der Neuen Welt, vom Süden Mexikos bis nach Argentinien. Seinen Namen verdankt er dem auffälligen Muster aus Schwarz, Grün und Rotorange. Sobald die Tiere sich auf Baumrinde niederlassen, die von Flechten und Pilzen bewachsen ist, entpuppt sich diese Färbung aber als Tarnkleid, das ihre Körperumrisse auflöst. Die Käfer ernähren sich von Pflanzensäften und Pollen, während die Larven sich durch das Holz fressen und darin auch verpuppen. Sie fungieren damit als Pioniere, die das Holz toter oder sterbender Bäume mit ihren Fraßgängen für die Besiedlung durch andere Tierarten vorbereiten.

Die langen Vorderbeine und Fühler der Männchen werden als das Ergebnis einer sexuellen Selektion durch die Weibchen gedeutet, die besonders große Partner bevorzugen. Auf Bäumen, die sich zur Eiablage eignen, kommt es häufig zu Kämpfen zwischen konkurrierenden Männchen. Die Kontrahenten nehmen Kopf an Kopf Aufstellung und spreizen die Vorderbeine ab, als wollten sie ermitteln, wessen Beine länger sind. Mit Hilfe der gebogenen Enden der Unterschenkel versuchen die Tiere dann, sich auszuhebeln und von den Bäumen zu werfen.

7 cm

Hitlerkäfer
Anophthalmus hitleri

Ein nur fünf Millimeter großer, brauner, blinder Höhlenkäfer erzielt bei bestimmten nicht unbedingt auf Käfer spezialisierten Sammlern Preise von tausend Euro und mehr. Er verdankt dies ausschließlich seinem ungewöhnlichen Namen, der ihm 1937 von dem österreichischen Ingenieur und Käfersammler Oscar Scheibel verliehen wurde, einem glühenden Verehrer des deutschen Reichskanzlers. Scheibel, der sich auf derart verborgen lebende Arten spezialisiert hatte, erwarb damals einige Exemplare und erkannte, dass es sich um eine unbekannte Art handelte, die nur in einigen Höhlen Sloweniens vorkommt. Angeblich soll Hitler ihm sogar in einem Brief gedankt haben.

Für den kleinen Höhlenkäfer könnte die Nachfrage durch Sammler von Nazi-Memorabilien zur Gefahr werden. Nicht nur, dass die Tiere aus Museen gestohlen werden. Seit Jahren gibt es einen Run auf die Höhlen, so dass die slowenischen Behörden schon darüber nachdachten, sie zu sperren.

Es ist allerdings nicht ganz leicht, die Tiere zu fangen – glücklicherweise, denn die Art gilt als gefährdet. Man kann Fallen aufstellen und sie mit bestimmten Ködern bestücken, braucht aber trotzdem viel Geduld. »Es ist eine sehr delikate Operation«, verriet ein slowenischer Biologe. »Man braucht mindestens zwei Monate, um ein oder zwei zu fangen.«

Scheibels 15 000 Tiere umfassende Sammlung wird heute als Teil der Sammlung Frey im Naturhistorischen Museum Basel aufbewahrt.

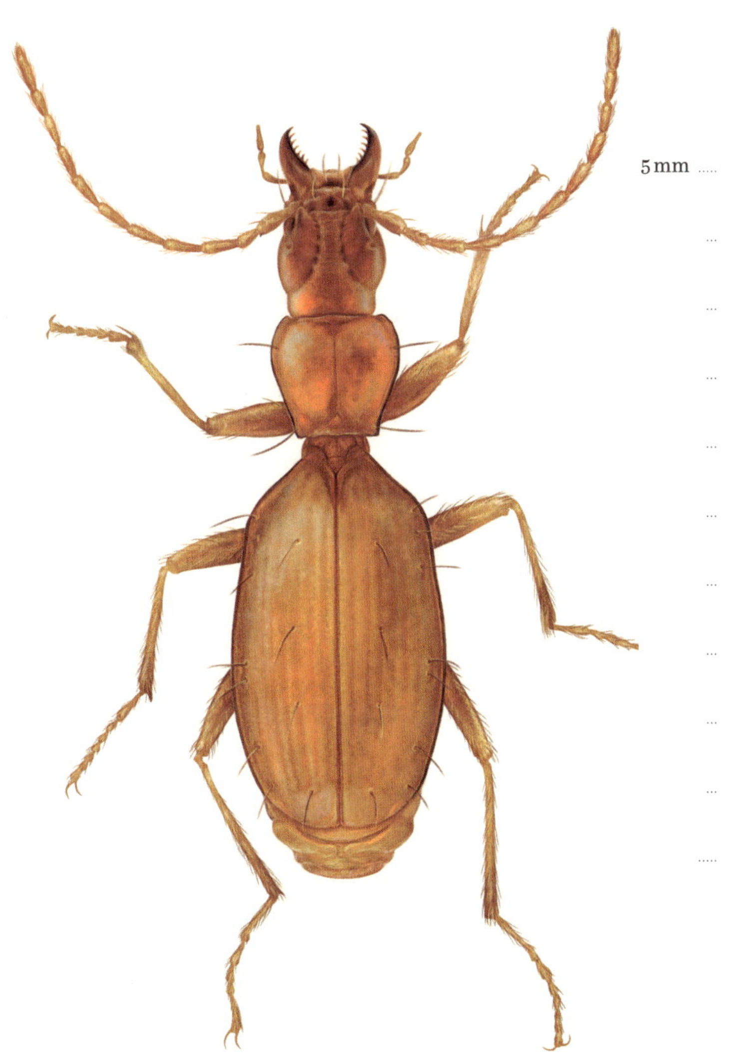
5 mm

Spanische Fliege
Lytta vesicatoria

Spanish fly

Cantharide officinale

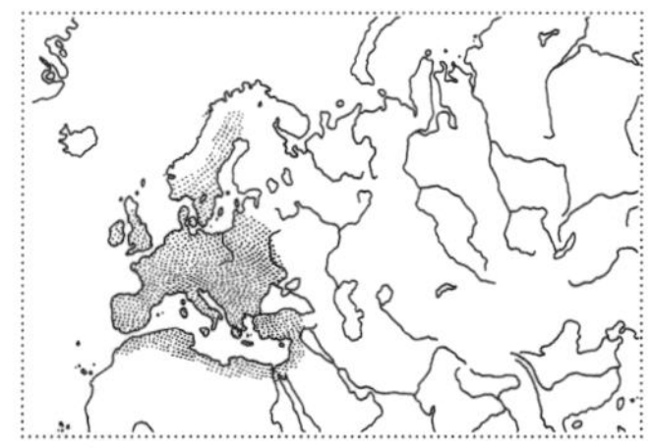

Ölkäfer (*Meloidae*), zu denen auch die Spanische Fliege (*Lytta vesicatoria*) gehört, scheiden bei massiver Reizung durch feine Poren in ihren Beingelenken eine Flüssigkeit ab (Reflexbluten). Das an Öltröpfchen erinnernde Sekret enthält ein starkes Gift, das Kantharidin, das nach einer alten Gattungsbezeichnung der Tiere (Cantharis) benannt wurde. Es wird nur von den Männchen produziert und während der Paarung an die Weibchen weitergegeben. Verschiedene andere Insekten werden durch Kantharidin angelockt, nehmen den Stoff auf und lagern ihn zum eigenen Schutz im Körper ab. Die afrikanische Sporngans frisst gezielt Ölkäfer und wird dadurch selbst zu einer der wenigen Giftvogelarten, die es gibt.

Nur 0,03 Gramm dieser Substanz sollen für einen Menschen tödlich sein. Im alten Griechenland benutzte man Ölkäfer als Alternative zum Schierlingsbecher. In geringerer Dosierung hat man die Tiere seit der Antike meist in zerstoßener oder zerriebener Form für verschiedene medizinische Zwecke gebraucht, unter anderem zur Warzenbekämpfung, als blasenziehendes Pflaster, aber auch als Aphrodisiakum, was bei falscher Dosierung zum Priapismus führen kann, einer schmerzhaften Dauererektion.

Die Larven der Ölkäfer leben als Parasiten in den Nestern von Wildbienen. Die Tiere durchlaufen eine sogenannte Hypermetamorphose, einen mehrfachen Gestaltwandel, weil sich nicht nur Larve und Vollinsekt sondern auch die drei Larvenstadien morphologisch unterscheiden.

15 mm

Asiatischer Marienkäfer
Harmonia axyridis

Multicolored Asian ladybeetle
Coccinelle asiatique

Wie der Kartoffelkäfer ist auch der Asiatische Marienkäfer durch den Menschen in große Teile der Welt verschleppt worden. Ursprünglich war die sehr variabel gefärbte Art nur im östlichen Asien beheimatet, vom Altai-Gebirge im Süden Sibiriens bis zur Pazifikküste im Osten, in China, Korea und Japan. Das Farbspektrum reicht von ganz roten Tieren bis hin zu schwarzen, die zwei oder mehr rote Punkte tragen.

Da die Käfer große Mengen an Blattläusen vertilgen, hat man versucht, sie zum Zwecke der biologischen Schädlingsbekämpfung in Nordamerika anzusiedeln. Dies gelang aber erst in den 1980er Jahren, wobei der geglückten Einbürgerung bald Massenvermehrungen folgten. In Europa wurden die ersten freilebenden Tiere im Jahr 2001 nachgewiesen. Auch hier kam es bald zu Massenvermehrungen.

Als invasive und sehr widerstandsfähige Art scheint der Asiatische Marienkäfer im Zuge seiner Ausbreitung einheimische Marienkäfer zu verdrängen. Dabei kommen ihm zwei Eigenschaften zugute, über die seine Verwandten nicht oder nur in geringerem Maße verfügen. Er besitzt ein sehr effektives Immunsystem mit ungewöhnlich vielen chemischen Verbindungen (Antimikrobielle Peptide), die gegen Bakterien und pathogene Pilze wirksam sind. Darüber hinaus praktiziert er eine Art biologischer Kriegsführung, indem er die Sporen winziger Parasiten verbreitet. Diese Mikrosporidien sind zum Beispiel für den einheimischen Siebenpunkt-Marienkäfer tödlich, während die asiatische Verwandtschaft sie problemlos toleriert.

7 mm

Großer Kolbenwasserkäfer

Hydrophilus (Hydrous) piceus

Great silver water beetle

Grand hydrophile

Der in Deutschland stark bedrohte und deshalb unter strengem Schutz stehende Große Kolbenwasserkäfer ist mit fünf Zentimeter Länge einer der größten Käfer unserer Fauna. Er ernährt sich im Uferbereich von verrottenden Pflanzen, möglicherweise auch von Aas, während seine ebenfalls aquatische Larve rein räuberisch lebt und vor allem Wasserschnecken frisst. Da sie ihre Nahrung außerhalb des Körpers vorverdaut und dann aufsaugt, bestünde die Gefahr, dass die Verdauungssäfte unter Wasser zu sehr verdünnt werden. Die Larve vermeidet das, indem sie die Beute beim Fressen mit ihren Kieferzangen aus dem Wasser hebt. Sie lebt einige Wochen, bis sie ans Ufer kriecht und sich im Boden verpuppt. Der daraus schlüpfende Käfer kehrt ins Wasser zurück und überwintert auch dort, das Gewässer darf also nicht bis zum Boden zufrieren. Nachts führen die Tiere weite Flüge auf der Suche nach geeigneten Lebensräumen durch. Dabei werden sie oft vom künstlichen Licht der Menschen angelockt.

Für die Eiablage suchen die Weibchen auf der Wasseroberfläche schwimmende Blätter und legen darunter ein Gespinst an, samt Schornstein für die Luftzufuhr.

Zum Atmen müssen Käfer und Larve an die Wasseroberfläche, die Käfer tragen auf der dicht behaarten Körperunterseite aber einen Luftvorrat mit sich herum, das sogenannte Plastron. Im englischen Namen des Großen Kolbenwasserkäfers kommt zum Ausdruck, dass dieser Luftvorrat unter Wasser silbrig glänzt.

5 cm
Larve

Palmrüssler
Rhynchophorus ferrugineus

Red palm weevil
Charançon rouge des palmiers

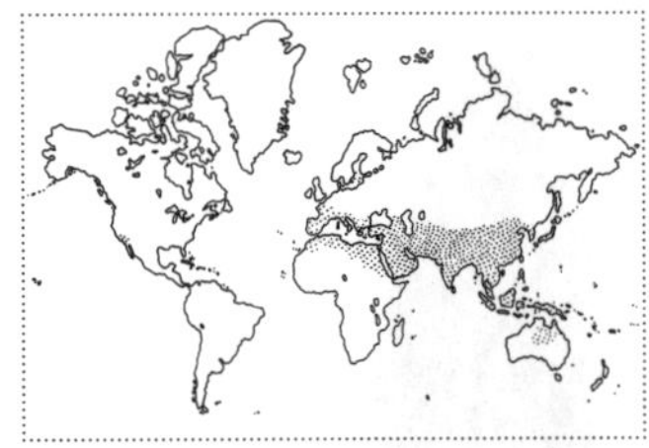

Der ursprünglich nur in Südostasien lebende Palmrüssler kommt heute auch im gesamten Mittelmeerraum vor, wo er mehrere Palmenarten befällt. Die Larven fressen sich bis in die Wachstumszone an der Spitze der Stämme und können dort schwere Schäden verursachen, die schließlich zum Absterben der Palmen führen.

Mit über 70 000 beschriebenen Arten bilden die Rüsselkäfer die wahrscheinlich größte Organismenfamilie der Erde, von Winzlingen in Kommagröße, bis hin zu Riesen wie den knapp vier Zentimeter messenden, farblich sehr variablen Palmrüsslern. Allein in Deutschland leben knapp eintausend Spezies. Der Name Rüsselkäfer bezieht sich auf die charakteristische Vorstülpung des Kopfes, die in seltenen grotesken Fällen mehr als Körperlänge erreichen kann.

Fast alle Rüssler sind Vegetarier, wobei die Käfer frei, deren Larven jedoch meist verborgen im Inneren der Pflanzen leben. Nicht wenige sind wie der Palmrüssler zu Schädlingen geworden, weil ihre Nahrungspflanzen auch vom Menschen genutzt werden.

Das Exoskelett der Rüsselkäfer ist dicker und härter als bei anderen Käfern. Allein schaffen das die Tiere nicht. Japanische Forscher entdeckten kürzlich in speziellen Anhängen des Käferdarms winzige symbiontische Mikroben, die völlig abhängig von ihren Käferwirten sind. Das Einzige, was diese Bakterien außer der eigenen Vermehrung noch bewerkstelligen können, ist die Produktion der Aminosäure Tyrosin, ein entscheidender Baustein für Produktion und Härtung von Chitin.

4 cm

Buchdrucker
Ips typographus

European spruce bark beetle
Bostryche typographe

Die nur wenige Millimeter großen Borkenkäfer (*Scolytinae*) werden zum Verwandtschaftskreis der Rüsselkäfer gezählt, wenngleich ihnen ein Rüssel fehlt. Sie und ihre Larven sind spezialisierte Holzfresser, meist in Symbiose mit Pilzen. Leben sie wie der hier gezeigte Buchdrucker im Phloem, der saftführenden Bastschicht des Baumes dicht unter der Borke, können sie bei vorgeschädigten Pflanzen zu Baum- und, bei Massenbefall, sogar zu Waldtötern werden.

Der Buchdrucker befällt vor allem Fichten, begnügt sich aber auch mit einigen anderen Baumarten wie Lärche und Douglasie. Seinen Namen verdankt er den charakteristischen Mustern, die seine Fraßgänge in der Rinde hinterlassen. Sie ähneln langbeinigen Tausendfüßlern.

Im Zentrum legt das Männchen die Rammelkammer an, in die Partnerinnen hineingelockt werden. Von dieser Kammer ausgehend, schaffen die Weibchen nach der Begattung die sogenannten Muttergänge, von denen jeweils Seitengänge für die Larven abzweigen.

Duftsignale durch Pheromone sind für das Leben der Borkenkäfer entscheidend. Diese führen sie zu kranken oder frisch gefallenen Bäumen, locken Weibchen an und bilden aus Stoffen des Baumes Düfte, die weitere Artgenossen anlocken oder abschrecken sollen. Der gesamte Zyklus von der Eiablage bis zum Vollinsekt dauert etwa sechs Wochen. Kann er aufgrund warmer Temperaturen schon im zeitigen Frühjahr beginnen, durchlaufen die Käfer noch einen zweiten Vermehrungszyklus.

5 mm

Stenus comma
Stenus comma

Rove beetle

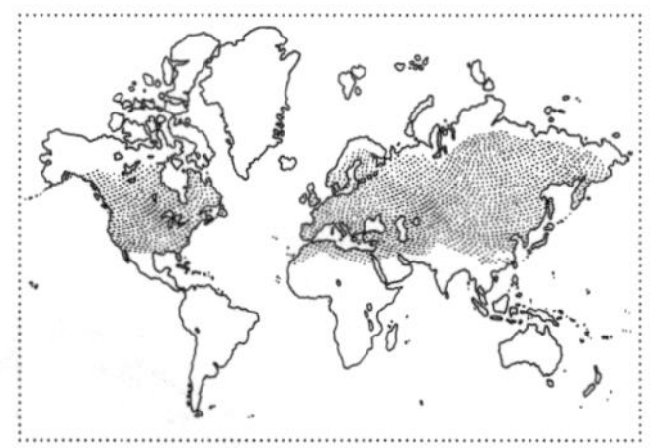

Nur fünf Millimeter misst dieses wie die meisten Käfer in allen Sprachen außer der wissenschaftlichen namenlose Tierchen, ein Käfertyp ganz anderer Art. Die Kurzflügelkäfer (Staphylinidae), zu denen die artenreiche Gattung *Stenus* gehört, haben ihre Flügeldecken stark reduziert und lassen den größten Teil des Hinterleibs unbedeckt. Darunter verborgen sind aber voll funktionsfähige Hinterflügel.

Die großen Komplexaugen weisen die *Stenus*-Arten als optisch jagende Raubtiere aus, die vor allem winzigen Urinsekten nachstellen. Sie visieren ihre Beute an und lassen dann ihre mit Haftvorrichtungen ausgestattete Unterlippe hervorschnellen, ähnlich wie Chamäleons ihre Klebzunge. Es sind sehr bewegliche und agile Tierchen, die in kleinste Zwischenräume eindringen können und sogar die Fähigkeit besitzen, über Wasser zu gleiten. Dazu scheiden sie aus großen Hinterleibsdrüsen ein ansonsten zur Feindabwehr verwendetes Sekret aus, das sich rasch verteilt und den Käfer wie einen Surfer in einer erstaunlichen Geschwindigkeit vor sich hertreibt. Durch Krümmen des Hinterleibs können die Tiere sogar die Richtung beeinflussen.

Die Kurzflügelkäfer sind mit fast 50 000 Arten eine der ganz großen Käferfamilien, da die Tiere aber in der Regel klein bis winzig sind und zum Teil sehr verborgen leben, sind hier mit Sicherheit noch viele Spezies zu entdecken. Wer über gute Augen, Engelsgeduld und eine ausgeprägte Leidensfähigkeit verfügt, kann sich auf dem Gebiet der Staphylinidenforschung noch wissenschaftliche Meriten verdienen.

5 mm

Literatur-auswahl

Hirashi Anbutsu u. a.: »Small genome symbiont underlies cuticle hardness in beetles«, in: *PNAS* 114 (2017), E8382–E8391.

Rolf Beutel u. a.: »Charles Darwin, beetles and phylogenetics«, in: *Naturwissenschaften* 09/2009, S. 1293–1312.

Aleksandar Cingel u. a.: »Extraordinary Adaptive Plasticity of Colorado Potato Beetle: ›Ten-Striped Spearman‹ in the Era of Technological Warfare«, in: *International Journal of Molecular Sciences* 17 (2009), S. 1538.

Adam Dodd: *Beetle,* London 2006.

Terry L. Erwin: »Tropical forests: Their richness in Coleoptera and other arthropod species«, in: *The Coleopterists Bulletin,* Vol. 36, №1, (03/1982), S. 74–75.

Rose George: »A beetle called Hitler«, in: *The Independent 2002, http://web.archive.org/web/20090210215636/http://rosegeorge.com/site/a-beetle-called-hitler.*

Nicole L. Gunter u. a.: »If Dung Beetles (Scarabaeidae: Scarabaeinae) Arose in Association with Dinosaurs, Did They Also Suffer a Mass Co-Extinction at the K-Pg Boundary?«, in: *PLOS One* 11 (5): e0153570.

Darryl T. Gwynne, David C. F. Rentz: »Beetles on the bottle: male buprestids mistake stubbies for females (Coleoptera)«, in: *Austral Entomology,* Vol. 22, Issue 1 (1983), S. 79–80.

Jean-Henri Fabre: *Erinnerungen eines Insektenforschers I,* Berlin 2010.

Peter Holter: »Herbivore dung as food for dung beetles: elementary coprology for entomologists«, in: *Ecological Entomology* 41 (2016), S. 367–377.

Moritz Honert: »Spuren lesen«, in: *Der Tagesspiegel* Nr. 23543, 29. 7. 2018, S. 3.

Ernst Jünger: *Subtile Jagden,* Stuttgart 1967.

Bernhard Klausnitzer: *Käfer,* Hamburg 2002.

Robert L. Koch: »The multicolored Asian lady beetle, Harmonia axyridis: A review of its biology, uses in biological control, and non-target impacts«, in: *Journal of Insect Science* 3, 32 (2003).

D. J. Levey u. a.: »Use of dung as a tool by burrowing owls«, in: *Nature* 431, 39 (2004).

Stephen A. Marshall: *Beetles. The Natural History and Diversity of Coleoptera,* New York 2018.

Andrew Nikiforuk: *Empire of the Beetle. How Human Folly and a Tiny Bug Are Killing North America's Great Forests,* Vancouver 2011.

Bryony Sands, Richard Wall: »Dung beetles reduce livestock gastrointestinal parasite availability on pasture«, in: *Journal of Applied Ecology* 54 (2017), S. 1180–1189.

Gerhard Scholtz: »Scarab beetles at the interface of wheel invention in nature and culture?«, in: *Contributions to Zoology* 77 (2008), S. 139–148.

Eva Sprecher-Uebersax u. a.: »Die Käfersammlung Frey – eine Kostbarkeit für die Wissenschaft«, in: *Mitteilungen der Naturforschenden Gesellschaften beider Basel* 14 (2013), S. 3–20.

Nigel E. Stork u. a.: »New approaches narrow global species estimates for beetles, insects, and terrestrial arthropods«, in: *PNAS* 112 (2015), S. 7519–7523.

Andreas Vilcinskas, u. a.: »Expansion of the antimicrobial peptide repertoire in the invasive ladybird Harmonia axyridis«, in: *The Royal Society Publishing Proceedings B* 280, *https://doi.org/10.1098/rspb.2012.2113.*

Andreas Vilcinskas, u. a.: »Invasive Harlequin Ladybird Carries Biological Weapons Against Native Competitors«, in: *Science* 340 (2013), S. 862–863.

David W. Zeh u. a.: »Sexual Selection and Sexual Dimorphism in the Harlequin Beetle *Acrocinus longimanus*«, in: *Biotropica* 24/1 (1992), S. 86–96.

Abbildungsverzeichnis

Seite 69 *Coléoptéres Pl. 6* **und Seite 82** *Pl. 5.* Charles Kerremans: Monographie des Buprestides, Vol. I, Brüssel 1906–1914.

Seite 72 *Cicindela campestris.* Donovan's Natural history of British insects, Vol. I, London 1792.

Seite 79 *The sacred beetle.* Fabre's book of insects, New York 1921.

Seite 85 *Scarabaei.* Hodder M. Westropp: Handbook of archaeology, London 1867.

Seite 88 *Agama, Horned Viper and Sacred Beetle.* Richard Lydekker: Wild life of the world, London 1916.

Seite 94 *Tafel IV.* Maria Sibylla Merian: Der Raupen wunderbare Verwandlung und sonderbare Blumennahrung, Teil 1, 1679.

Seiten 98/99 *Tafel IV, V.* August Johann Rösel von Rosenhof: Der monatlich herausgegebenen Insecten-Belustigung, Nürnberg 1746.

Seite 104 *Coverillustration* von Hans Baluschek für Gerdt von Bassewitz: Peterchens Mondfahrt. Ein Märchen, 1. Aufl., Berlin 1928.

Seite 107 *Maikäfer, flieg!* Die Gartenlaube (1879), S. 389.

Seite 109 *Achtet auf den Kartoffelkäfer!* © Deutsches Historisches Museum.

Seite 112 *Borkenkäfer.* Claus Caspari, 1956 © cramers gallery of nature: cramers-gallery.com.

Seiten 116 Seite aus Zhu Yingchun: Language of Bugs, 2018. Courtesy of Zhu Yingchun and the bugs.

Seiten 121–139 Illustrationen von Falk Nordmann, Berlin 2019.

Bernhard Kegel, 1953 in Berlin geboren, ist promovierter Biologe und Schriftsteller. Seit den 1990er-Jahren hat er zahlreiche Romane und Sachbücher zu biologischen Themen publiziert.

NATURKUNDEN № 56
Erste Auflage Berlin 2019

NATURKUNDEN
herausgegeben von Judith Schalansky
erscheinen bei Matthes & Seitz Berlin
ermöglicht durch Jan Szlovak, Hamburg

Göhrener Straße 7, 10437 Berlin
info@matthes-seitz-berlin.de
info@naturkunden.de

EINBAND UND TYPOGRAFIE Pauline Altmann, Berlin
nach einem Entwurf von Judith Schalansky
TITELILLUSTRATION Pauline Altmann, Berlin
SCHRIFT Ingeborg von Michael Hochleitner/Typejockeys
LITHOGRAFIE Raimundas Austinskas, Kaunas
HERSTELLUNG Hermann Zanier, Berlin
PAPIER 100 g/m² Fly 04 hochweiß, 1,2-faches Volumen
EINBANDMATERIAL Napura® Khepera von
Winter & Company GmbH, Lörrach
DRUCK UND BINDUNG Pustet, Regensburg

ISBN 978-3-95757-792-4

www.naturkunden.de
www.matthes-seitz-berlin.de